코로나19 바이러스
"친환경 99.9% 항균잉크 인쇄"
전격 도입

언제 끝날지 모를 코로나19 바이러스
99.9% 항균잉크(V-CLEAN99)를 도입하여 「안심도서」로
독자분들의 건강과 안전을 위해 노력하겠습니다.

 시대교육그룹

본 도서는 항균잉크로 인쇄하였습니다.

항균➕
99.9%
안심도서

항균잉크(V-CLEAN99)**의 특징**

◉ 바이러스, 박테리아, 곰팡이 등에 항균효과가 있는 산화아연을 적용

◉ 산화아연은 한국의 식약처와 미국의 FDA에서 식품첨가물로 인증받아 **강력한 항균력을** 구현하는 소재

◉ 황색포도상구균과 대장균에 대한 테스트를 완료하여 **99.9%의 강력한 항균효과** 확인

◉ 잉크 내 중금속, 잔류성 오염물질 등 **유해 물질 저감**

TEST REPORT

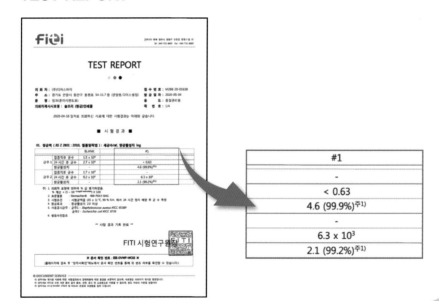

#1
< 0.63
4.6 (99.9%)주1)
-
6.3 x 10³
2.1 (99.2%)주1)

Clean Zone

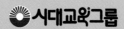

시대교육그룹

안쌤의 창의사고력 수학 실전편

중급(초등 4~5학년)

이 책을 펴내며...

창의사고력 수학을 학생들에게 가르치는 강사로서, 책을 쓰는 저자로서, 강사들을 교육하는 교육팀장으로서, 초·중등 학생의 학부모를 상담하는 상담자로서, 학부모 설명회를 진행하는 강사로서 십여 년을 보내 왔습니다. 부산에서 강사를 시작으로 연구소의 교재개발 연구원, 수원과 대치동의 창의사고력 수학 학원장, 본사의 강사교육팀장 등 많은 장소에서 다양한 역할을 하면서 시간을 보낸 것 같습니다.

처음 학생들을 지도할 때는 학생들이 연습을 많이 하는 것보다는, 창의적인 사고와 하고자 하는 의지만 있으면 다른 것들은 크게 문제되지 않는다는 나름의 신념을 가지고 지도하였습니다. 그러나 많은 시간을 경험하면서 연습을 하는 것도 창의적인 사고나 의지(동기)와 비슷하게 중요함을 알게 되었고, 어떻게 창의사고력과 연습을 균형 있게 키울 것인가에 대해 많은 고민을 하게 되었습니다.

창의사고력 수학을 공부하는 학생들 대부분은 학교 수학과는 크게 관련 없어 보이고, 어렵게 느껴지는 창의사고력 수학을 왜 해야 하는지 알지 못한 채 주변의 어른들이 하라고 하니까 그냥 한다고 합니다. 수학을 하는 재미도 알지 못하고, 그냥 부모님이나 선생님이 하라고 하니까 점수 받기 위한 수학공부를 하는 것이죠. 초등 저학년 때는 교구를 가지고 놀면서 쉽다고, 재미있다고 하다가도 초등 고학년이 되면서 계산과 사고의 복잡성 때문에 힘들어하고, 지겨워하게 되는 것이 일반적입니다. 그리고는 어렵다면서 수학을 포기하게 되는 경우가 많습니다.

창의사고력 수학은 학생들에게 살아가면서 만나게 되는 생활 속의 문제를 해결해 나가는 방법을 알게 합니다. 논리적으로 생각하고, 조직적으로 따져 모든 경우를 생각할 수 있도록 하고, 해결 방법이 딱히 보이지 않는 문제에서도 쉽게 포기하지 않는 과제집착력을 길러 주어야 합니다. 또한, 새로운 방법으로 문제를 해결해 나갈 수 있는 창의적 사고력을 길러 주어야 합니다. 이런 사고의 힘은 초등 고학년, 중등, 고등 과정에서 나오는 복잡하고 추상적인 수학의 개념을 이해하게 하고, 실생활에 적용할 수 있는 힘을 길러 주게 됩니다.

최근의 입시 경향은 과거의 단편적인 지식의 암기와 활용을 물어보는 것이 아니라, 실생활에의 적용과 그에 관한 학생들의 생각을 묻는 서술형, 논술형 시험으로 진화하고 있으며, 면접이나 자기소개서도 입시의 중요한 요소가 되고 있습니다. 특히, 4차 산업혁명이 진행되면서 단순 암기나 계산 등의 사고를 요하는 직업은 점점 사라질 것으로 예상됩니다. 우리 학생들이 창의사고력 수학을 통해 논리적 사고력, 조직적 사고력, 창의적 사고력을 길러 앞으로의 미래에 자신만의 생각을 가지고, 주도적인 삶을 살아갈 수 있기를 기원하는 간절한 마음을 담아 집필하였습니다.

저자 **박 기 훈**

안쌤 영재교육연구소
영재교육원 대비 전략

1. 학교 생활 관리 : 담임교사 추천, 학교장 추천을 받기 위한 기본적인 관리
- 교내 각종 대회 대비 및 창의적 체험활동(www.neis.go.kr) 관리
- 독서 이력 관리: 교육부 독서교육종합지원시스템 운영

2. 교과 선행 : 학생의 학습 속도에 맞게 진행해 주세요.
- 교과 개념 교재+심화 교재(안쌤 교재) 순서로 선행
- 현행에 머물러 있는 것보다 학생의 학습 속도에 맞는 선행 추천

3. 창의사고력 수학, 과학 : 수학, 과학 공통으로 사고력 문제와 융합 문제 출제

| 창의사고력 수학 실전편 시리즈 (초급, 중급, 고급) | | | 창의사고력 수학 100제 시리즈 (1·2학년, 3·4학년, 5·6학년) | | | 창의사고력 과학 100제 시리즈 (1·2학년, 3·4학년, 5·6학년, 중등) | | | |

창의사고력 수학 실전편 초급 (초등 3·4학년) · 창의사고력 수학 실전편 중급 (초등 4·5학년) · 창의사고력 수학 실전편 고급 (초등 5·6학년)

안쌤의 STEAM + 창의사고력 수학 100제 초등 1·2학년 · 안쌤의 STEAM + 창의사고력 수학 100제 초등 3·4학년 · 안쌤의 STEAM + 창의사고력 수학 100제 초등 5·6학년

안쌤의 STEAM + 창의사고력 과학 100제 초등 1·2학년 · 안쌤의 STEAM + 창의사고력 과학 100제 초등 3·4학년 · 안쌤의 STEAM + 창의사고력 과학 100제 초등 5·6학년 · 안쌤의 STEAM + 창의사고력 과학 100제 중등

4. 지원 가능한 영재교육원 모집 요강 확인
- 지원 가능한 영재교육원 모집 요강을 확인하고 지원 가능한 지원 분야와 전형 일정을 확인해 주세요.
- 아직 모집 요강이 발표되지 않았으면 전년도 모집 요강을 확인해 주세요.
- 지역마다 학년별 지원 분야가 다른 경우들이 있습니다.

5. 지필 평가 대비
평가 유형에 맞는 교재 선택과
서술형 답안 작성 연습 필수

| 영재성검사 창의적 문제해결력 모의고사 시리즈 | | | SW 정보영재 영재성검사 창의적 문제해결력 모의고사 시리즈 | |

영재성검사 창의적 문제해결력 모의고사 초등 3·4학년 · 영재성검사 창의적 문제해결력 모의고사 초등 5·6학년 · 영재성검사 창의적 문제해결력 모의고사 중등 1·2학년

SW 정보영재 영재성검사 창의적 문제해결력 모의고사 초등 3·4학년 · SW 정보영재 영재성검사 창의적 문제해결력 모의고사 초등 5~중등 1학년

6. 면접 평가 대비 : 면접 기출문제로 연습 필수
- 면접 기출문제와 예상문제에 자신만의 답변을 글로 정리하고, 말로 표현하는 연습 필수
- 안쌤의 실전 면접 특강 교재와 강의 추천

AI와 함께하는 영재교육원 면접 특강

AI와 함께하는 영재교육원 면접 특강

7. 가장 중요한 것 : 학부모의 꿈이나 의지가 아닌 학생의 꿈과 의지
늦었다고 포기하거나 대충 준비하지 말고 남은 기간 최선을 다해서 후회하지 않을 정도로 열심히 공부하고 합격하자.

안쌤 영재교육연구소
수학·과학 학습 진단 검사

수학·과학 학습 진단 검사란?

수학·과학 교과 학년이 완료됐을 때 개념 이해력, 개념 응용력, 창의력, 수학 사고력, 과학 탐구력, 융합 사고력 부분의 학습이 잘 되었는지 진단하는 검사입니다.

영재교육원 대비 방법을 생각하시는 학부모님과 학생들을 위해, 수학·과학 학습 진단 검사를 통해 영재교육원 대비 커리큘럼을 만들어 드립니다.

검사지 구성

과학 13문항	• 다답형 객관식 8문항 • 창의력 2문항 • 탐구력 2문항 • 융합 사고력 1문항	
수학 9문항	• 사고력 4문항 • 창의력 4문항 • 융합 사고력 1문항	

수학·과학 학습 진단 검사 진행 프로세스

신청	발송	진행	채점	회수	상담
안쌤 영재교육연구소 카카오톡으로 신청 2만 원	수학·과학 진단 검사지 택배 발송	90분간 검사 진행	채점 후 결과지를 메일과 카카오톡으로 발송	검사 종료 후 카카오톡으로 말씀해 주시면 연구소에서 택배 회수	로드맵과 함께 교재 선택 및 학습법 안내 상담

수학·과학 학습 진단 학년 선택 방법

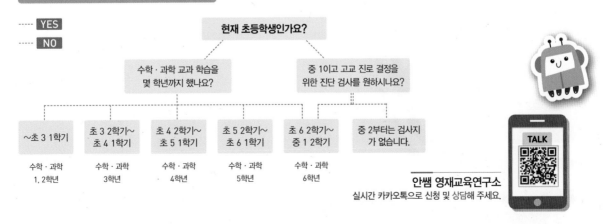

----- YES
----- NO

현재 초등학생인가요?

수학·과학 교과 학습을 몇 학년까지 했나요?

중 1이고 고교 진로 결정을 위한 진단 검사를 원하시나요?

~초 3 1학기	초 3 2학기~초 4 1학기	초 4 2학기~초 5 1학기	초 5 2학기~초 6 1학기	초 6 2학기~중 1 2학기	중 2부터는 검사지가 없습니다.
수학·과학 1, 2학년	수학·과학 3학년	수학·과학 4학년	수학·과학 5학년	수학·과학 6학년	

TALK

안쌤 영재교육연구소
실시간 카카오톡으로 신청 및 상담해 주세요.

박쌤이 알려 주는 창의사고력 수학
학습 방향과 접근법

과거의 영재수학과 관련된 시험 및 대비 문항들은

1. 수학 지식을 통합적으로 사용한 문제해결력을 확인하는 문항

2. 창의적인 사고를 확인하는 문항

의 2가지 방향 등으로 출제되었습니다.

최근의 출제 경향은 조금 더 발전하여

1. 기본적인 수학적 개념과 원리에 대한 서술형, 논술형 문항

2. 기준을 정해 모든 답을 빠짐없이 구해야 하는 조직적 사고를 요하는 문항

3. 논리적 사고를 통해 기준을 정한 방법이나 이유를 설명해야 하는 문항

4. 수학사나 실생활 소재 및 상황, 다른 과목과 융합된 형태로 소재가 다양화되었으며, 그 상황을 자신의 관점에서 설명해야 하는 문항

으로 출제되고 있습니다.

따라서 창의성·문제해결력과 함께 수학에 대한 폭넓은 배경지식과 문제에 사용된 수학적 개념 및 원리를 다른 과목이나 상황에 적용시킬 수 있는 응용력, 문제의 상황에서 해결의 기준을 정하고 찾아낼 수 있는 조직적 사고력과 논리적 사고력을 길러야 합니다.

그럼 이제부터 각 영역별 출제 문항의 형태와 해결 원리를 살펴 봅시다!

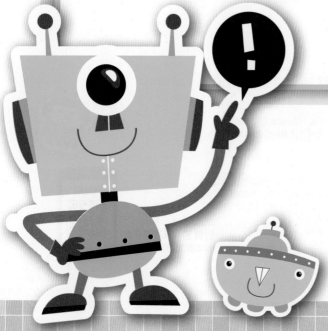

Ⅰ 수와 연산

1 수와 숫자의 구분 및 개수 구하기

문제 형태

수와 숫자의 개수를 구하거나 특정 숫자의 개수를 구하고, 방법을 서술하는 형태

해결하는 원리

수의 개수를 구하는 공식을 알아야 하며, 규칙성을 찾아야 합니다. 기준을 정해 모든 경우를 따져 보아야 합니다.

2 간단한 연산을 이용한 수 퍼즐 구하기

문제 형태

각 줄의 합이 항상 같은 결과가 되도록 수를 배치하여 퍼즐을 완성하는 형태 (삼각진, 테두리 마방진, 다양한 형태의 마방진 등으로 출제)

해결하는 원리

부분합, 전체합, 부분합의 합, 공통합을 구하는 방식을 이해하고 논리적인 사고를 해야 합니다.

3 연산식 완성하기

문제 형태

주어진 수들과 연산을 이용하여 식을 완성하거나 목표수를 만드는 형태

해결하는 원리

$+$, $-$, $\times$, $\div$와 같은 사칙연산이나 받아올림, 받아내림을 활용하여 그런 식을 만든 이유를 논리적으로 설명해야 합니다.

4 조건에 적합한 수나 식 구하기

문제 형태

기준을 정하여 조건에 적합한 수나 식을 구하는 형태

해결하는 원리

주어진 조건을 잘 읽고 조건의 단서를 활용할 수 있어야 하므로 단서 하나하나의 의미를 잘 파악해야 합니다.

5 수의 성질을 이용하여 문제를 해결하기

문제 형태

짝수나 홀수의 성질, 연속수의 특징을 이용하거나 규칙이 있는 수들의 합을 구하는 형태

해결하는 원리

합이 일정한 값이 되도록 짝을 지어서 해결하거나 짝수와 홀수의 성질, 연속수의 성질을 이용하여 문제를 해결합니다.

6 수학사에서 다양한 수와 연산에 관련된 이야기 활용하기

문제 형태

팔린드롬수, 고대의 연산 방법, 고대의 분수·수 체계, 소수의 사용 등 다양한 수학사적인 이야기를 문제화시키는 형태

해결하는 원리

다양한 수학사적인 이야기와 그 원리를 알아 두어야 하며, 이런 과거의 방식과 현재의 방식을 비교할 수 있어야 합니다.

Ⅱ 도형과 측정

1 조각 나누기

문제 형태

도형을 모양과 크기가 같은 □개의 조각으로 나누는 형태

해결하는 원리

작은 단위도형으로 등분하여 주어진 조건에 맞는 도형으로 나누거나 선대칭, 점대칭의 원리 등을 이용하여 명확한 기준을 세워 해결해야 합니다.

2 입체도형과 위, 앞, 옆 모양 그리기

문제 형태

입체도형을 보고 위, 앞, 옆 모양을 그리거나, 입체도형의 위, 앞, 옆 모양을 보고 원래 입체도형을 그리는 형태

해결하는 원리

공간지각력을 요구하는 형태의 문제로 실제로 쌓기나무를 이용하여 많이 만들어 보는 경험을 해 보아야 합니다.

3 평면도형의 둘레와 넓이 구하기

문제 형태

여러 가지 모양으로 주어진 평면도형의 둘레와 넓이를 구하는 형태

해결하는 원리

평면도형의 둘레와 넓이 구하는 공식을 알고, 이 공식들을 활용할 수 있어야 합니다.

4 도형의 개수 구하기

문제 형태

기준을 정해 크고, 작은 도형의 개수를 구하거나 조건을 만족하는 다양한 모양을 찾는 형태

해결하는 원리

작은 도형에서 개수를 구하는 규칙을 찾아 큰 도형에 적용할 수 있어야 하고, 기준을 정하여 중복하지 않고 빠짐없이 셀 수 있어야 합니다.

5 무게나 길이, 각도 구하기

문제 형태

양팔 저울이나 꺾이는 자, 눈금없는 자를 이용하여 잴 수 있는 무게나 길이를 구하는 형태 또는 평행, 수직, 다각형의 특성 등을 이용하여 각도를 구하는 형태

해결하는 원리

잴 수 있는 무게나 길이는 어떤 연산을 사용할 수 있는지 확인하여야 하고, 각도를 구하는 문제는 도형의 정의와 다양한 성질(특징)을 알아야 합니다.

6 주사위 이용하기

문제 형태

주사위의 7점 원리, 주사위를 굴려서 경로 찾기, 주사위의 전개도 등 주사위와 관련되는 다양한 형태

해결하는 원리

U자 법칙, N자 법칙, I자 법칙 등 주사위 굴리기와 관련된 다양한 법칙과 주사위의 11가지 전개도 모양 등 주사위와 관련된 다양한 특성을 알고 있어야 합니다.

Ⅲ▶ 규칙과 문제해결

1 문장제 문제 해결하기

문제 형태

조건을 읽고 시차나 나이차, 거리차 등을 구하는 문장제 문제의 형태

해결하는 원리

주어진 조건을 식을 세우거나 그림으로 그려서 해결합니다.

2 거꾸로 생각하기

문제 형태

마지막 결과가 제시되고 처음의 조건을 찾는 형태

해결하는 원리

거꾸로 생각하여 문제를 해결하여야 하고, 거꾸로 생각하는 과정을 식, 표, 그림 등으로 나타내어 해결합니다.

3 패턴 이용하기

문제 형태

반복되는 패턴 구간을 찾아 규칙을 이용하는 형태

해결하는 원리

회전 패턴, 반복 패턴 등 주어진 조건에 알맞은 패턴의 규칙을 찾아 해결합니다.

4 수 규칙 이용하기

문제 형태

달력, 수 배열판, 연도 등 다양한 수 규칙(수열)을 활용하는 형태

해결하는 원리

피보나치 수열, 파스칼의 삼각형, 피타고라스의 수 등 관련된 수학사를 알아 두어야 합니다. 또, 다양한 규칙을 찾는 연습과 찾아낸 규칙을 이용하여 식을 세워 해결하는 연습을 해 두어야 합니다.

5 거리와 속력 구하기

문제 형태

거리, 속력, 시간과의 관계를 활용하는 형태

해결하는 원리

속력을 구하는 공식을 알고, 이 공식을 활용할 수 있어야 합니다. 예전부터 꾸준히 출제되는 형태의 문제입니다.

6 모양 규칙 구하기

문제 형태

다양한 모양 규칙을 수로 바꾸어 규칙을 찾아 해결하는 형태

해결하는 원리

모양 규칙을 수를 이용한 연산식으로 나타내어 해결합니다.

7 창의적으로 생각하여 문제 해결하기

문제 형태

다양한 규칙을 이용하여 창의적으로 생각하여 문제를 해결하는 형태

해결하는 원리

그림 그리기, 표 만들기, 거꾸로 생각하기 등 문제에 알맞은 해결 전략을 찾아 해결합니다.

Ⅳ 논리와 확률통계

1 진리표 이용하기

문제 형태

어느 하나가 참이나 거짓이라고 가정하여 참과 거짓을 판단하는 형태 또는 조건을 논리적으로 추론하는 형태

해결하는 원리

조건을 하나씩 따져 진리표를 이용하여 해결합니다. 진리표를 다양한 방법으로 그려 보는 연습을 해야 합니다.

2 암호 해독하기

문제 형태

패턴을 찾아 암호를 해독하는 형태 또는 예시된 암호를 보고 규칙을 찾는 형태

해결하는 원리

수학사에서 암호가 사용된 이야기를 알아 두고, 비트코인과 같이 최근 발달되고 있는 암호와 관련된 사례를 알고 있으며 규칙을 찾는 데 도움이 됩니다.

3 필승 전략 찾기

문제 형태

바둑돌(구슬) 가져가기, 선긋기, 조각 넣기 등 NIM 게임을 활용하는 형태

해결하는 원리

마지막에 이길 수 있는 상황과 상대방과 나의 게임 순서 등을 고려하여 이길 수 있는 필승 전략을 찾아야 합니다.

4 논리 추리

문제 형태

카드 숫자 찾기, 강 건너기, 가짜 금화 찾기 등 다양한 상황에서 문제를 해결하는 방법을 찾는 형태

해결하는 원리

다양한 주어진 상황을 논리적으로 추론하여 해결합니다.

5 퍼즐 게임

문제 형태

수 퍼즐, 논리 퍼즐, 게임의 형태

해결하는 원리

귀납적 사고를 이용하여 규칙을 파악하거나 논리적 사고를 이용하여 합리적인 결과를 이끌어 내어 해결합니다.

6 경우의 수 구하기

문제 형태

구슬 뽑기, 주사위 던지기, 회장 선출하기, 최단거리로 가는 길 찾기 등의 형태

해결하는 원리

기준을 잡아 중복 없이, 빠짐없이 모든 경우의 수를 세어야 합니다.

7 그래프 이용하기

문제 형태

막대그래프, 그림그래프, 꺾은선그래프 등 그래프를 해석하고 상황을 예측하는 형태

해결하는 원리

다양한 그래프를 해석할 수 있어야 하고, 과학, 사회, 경제 등 실제 상황을 그래프로 나타낼 수 있어야 합니다.

이 책의 구성과 특징

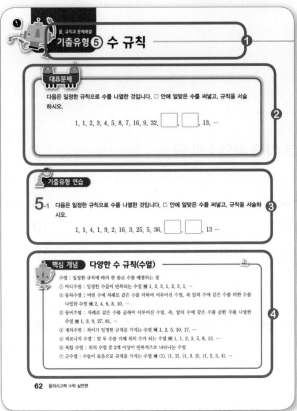

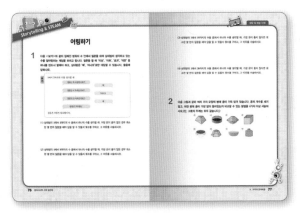

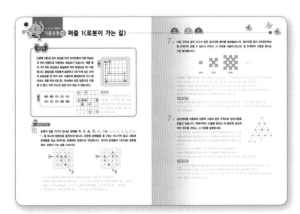

❶ **기출유형** : 영역별로 시험에 자주 출제되는 유형으로 나눴습니다.

❷ **대표문제** : 기출문제 분석을 통해 가장 자주 출제되고, 유형을 대표하는 기본이 되는 문제를 대표문제로 수록하였습니다.

❸ **기출유형 연습** : 다양한 유제로 반복 연습을 통해 기출유형을 익힐 수 있습니다.

❹ **핵심 개념** : 기출유형의 문제해결에 꼭 필요한 개념, 유용한 팁 등을 요약, 정리하였습니다.

❺ **문제 속 수학이야기** : 기출유형과 관련된 재미있는 수학 이야기를 수록하였습니다.

❻ **기출유형 변형** : 종합적 사고력과 응용력을 기를 수 있는 기출유형 변형 문제를 제공하였습니다.

Storytelling & STEAM

실생활에서 마주할 수 있는 상황이나 신문 기사, 수학사 등 재미있는 소재로 흥미를 유발하고, 우리 생활에 수학이 얼마나 활용되는지 문제를 통해 해결력을 키울 수 있습니다.

책 속의 책 | 정답 및 해설

모든 문제와 문제에 대한 자세한 해설을 담았습니다. 다시는 틀리지 않게, 별도의 이론서 없이 혼자서도 공부를 잘할 수 있도록 하였습니다.

이 책의 차례

Ⅰ 수와 연산

Ⅱ 도형과 측정

Ⅲ 규칙과 문제해결

Ⅳ 논리와 확률통계

I

수와 연산

대표문제

다음 사각형에서 안쪽의 수와 사각형의 가로, 세로에 놓인 수는 일정한 규칙으로 이루어져 있습니다. 물음에 답하시오.

3	2	4	10
9	19		8
7	5	6	1

2	3	6	9
8	20		7
10	5	1	4

(1) 사각형 안쪽의 수와 사각형의 가로, 세로에 놓인 수는 어떤 규칙인지 서술하시오.

(2) (1)과 같은 규칙을 갖도록 1에서 10까지의 수를 빈칸에 각각 한 번씩 써넣으시오.

1		5	
	19		
8		2	3

9			
	20		
		1	10

문제 속 수학이야기

마방진

약 4000년 전, 중국의 황하라는 강에서 등에 신기한 무늬를 가진 큰 거북이가 한 마리 나타났습니다. 사람들은 이 무늬를 여러 가지 방법으로 연구한 끝에 수로 나타내게 되었습니다. 수로 나타내어 보니 오른쪽 표와 같이 가로, 세로, 대각선 수들의 합이 모두 15가 되는 것을 발견하였습니다. 이와 같이 한 줄의 합이 항상 같게 되는 수 배열표를 '마방진'이라고 부릅니다. 마방진 중에서도 대표문제와 같이 테두리의 수들의 합이 같은 마방진을 '테두리방진'이라고 합니다.

4	9	2
3	5	7
8	1	6

기출유형 연습

1-1 테두리방진을 해결하는 원리를 알아보려고 합니다. 물음에 답하시오.(단, 테두리에는 1에서 10까지의 수를 각각 한 번씩 써넣어야 합니다.)

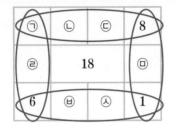
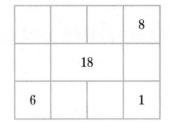

(1) 1에서 10까지의 합은 55이고, 위의 빨간 동그라미 안의 수들의 합은 각각 18입니다. 이를 이용하여 ㉠에 들어갈 수를 구하고, 그 이유를 서술하시오.

(2) ㉠을 구하면 ㉣을 구할 수 있고, 테두리방진을 완성할 수 있습니다. 위의 오른쪽 테두리방진을 완성해 보시오.

1-2 사각형의 가로, 세로에 놓인 수들의 합이 각각 사각형 안쪽의 수가 되도록 1에서 12까지의 수를 빈칸에 각각 한 번씩 써넣어 테두리방진을 완성해 보시오.

(1)
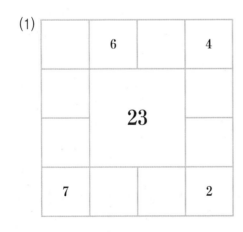

(2)
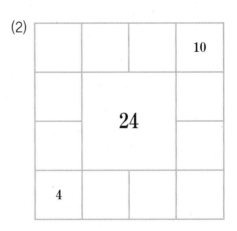

기출유형 ② 목표수 만들기

대표문제

다음의 수식에서 몇 개의 칸을 지워 올바른 식으로 만들려고 합니다. 물음에 답하시오.

5	×	8	+	8	9	=	2	6	−	4	+	2	7	2

(1) 2개의 칸을 지워 올바른 식으로 만들어 보시오.

(2) 3개의 칸을 지워 올바른 식으로 만들어 보시오.

(3) 4개의 칸을 지워 올바른 식으로 만들어 보시오.

기출유형 연습

2-1 다음 숫자들 사이에 + 또는 −를 써넣어 올바른 식으로 만들려고 합니다. 물음에 답하시오.(단, 숫자들 사이에 기호를 넣지 않고 두 자리 수나 세 자리 수로 만들 수도 있습니다.)

$$9 \quad 8 \quad 7 \quad 6 \quad 5 \quad 4 \quad 3 \quad 2 \quad 1 = 100$$

(1) 숫자 9와 8로 두 자리 수 98을 만들고, 나머지 숫자들 사이에 + 또는 −를 넣어 100이 되는 등식은 몇 가지인지 구하고, 그 이유를 서술하시오.

(2) 3개의 두 자리 수를 만들고, 나머지 숫자들 사이에 + 또는 −를 써넣어 100을 만드시오.

기출유형 변형 - 서로 다른 자연수의 곱

2-2 840을 서로 다른 한 자리 자연수 5개의 곱으로 나타낼 수 있는 모든 경우를 구하고, 그 이유를 서술하시오.(단, 2×3, 3×2와 같이 순서만 바뀐 경우는 같은 것으로 봅니다.)

2-3 2520을 서로 다른 한 자리 자연수 5개의 곱을 나타낼 수 있는 모든 경우를 구하고, 그 이유를 서술하시오.(단, 2×3, 3×2와 같이 순서만 다른 경우는 같은 것으로 봅니다.)

기출유형 ③ 크기가 같은 분수

대표문제

다양한 블록을 가지고 놀던 우주는 이 블록들을 분수로 표현할 수 있는지 궁금해졌습니다. 물음에 답하시오.

(1) 가장 큰 블록을 1이라고 할 때, 다른 블록들의 크기를 분모가 8인 분수로 나타내어 보시오.(단, 블록의 크기는 블록 안의 원의 개수에 비례합니다.)

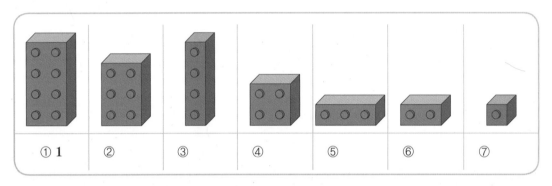

(2) 블록을 표현한 분수를 이용하여 주어진 수를 분수의 덧셈식으로 만들고, 사용된 블록을 번호로 나타내어 보시오.(단, 각 블록은 한 덧셈식에 한 번씩만 사용할 수 있습니다.)

수	분수의 덧셈식	사용된 블록 번호
$\frac{7}{8}$		
$1\frac{5}{8}$		
$\frac{5}{4}$		

3 $\frac{1}{2}$, $\frac{1}{3}$, $\frac{1}{4}$, …과 같이 분자가 1인 분수를 단위분수라고 합니다. 물음에 답하시오.(단, 블록의 크기는 블록 안의 원의 개수에 비례합니다.)

(1) 가장 큰 블록을 1이라고 할 때, 다른 블록들의 크기를 단위분수로 나타내어 보시오.

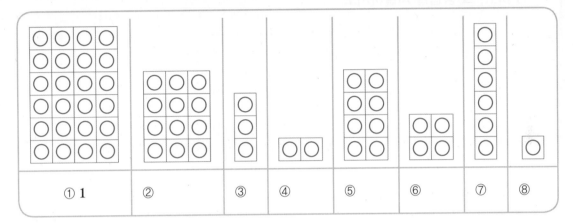

① 1	②	③	④	⑤	⑥	⑦	⑧

(2) 블록을 표현한 분수를 이용하여 주어진 분수를 분수의 덧셈식으로 만들고, 사용된 블록을 번호로 나타내어 보시오.(단, 각 블록은 한 덧셈식에 한 번씩만 사용할 수 있습니다.)

수	분수의 덧셈식	사용된 블록 번호
$\frac{3}{4}$		
$\frac{33}{24}$		
$\frac{9}{8}$		
$\frac{17}{12}$		
$\frac{11}{6}$		

대표문제

연우의 아버지는 오랫동안 열지 않았던 금고의 비밀번호를 잊어버렸습니다. 연우는 비밀번호를 찾기 위해 금고의 보안장치에 특수한 물질을 묻혔더니 다음 그림과 같은 지문자국이 나타났습니다. 비밀번호가 네 자리 수라고 할 때, 가능한 비밀번호는 모두 몇 가지인지 구하고, 그 방법을 서술하시오.

1	2	3
4	5	6
7	8	9
*	0	#

비밀번호

방법

기출유형 연습

4 연우는 3과 7이 사용된 것을 알았지만, 다른 번호는 지문의 흔적이 약해서 사용된 것인지 사용되지 않은 것인지 알 수 없었습니다. 물음에 답하시오.(단, 비밀번호는 0에서 9까지의 숫자로만 되어있습니다.)

(1) 3과 7이 한 번씩만 사용되었다면 가능한 비밀번호는 모두 몇 가지인지 구하고, 그 방법을 서술하시오.

비밀번호	
방법	

(2) 3과 7이 두 번, 한 번 사용되었다면 가능한 비밀번호는 모두 몇 가지인지 구하고, 그 방법을 서술하시오.

비밀번호	
방법	

(3) 3과 7이 사용된 것을 알았지만 다른 번호는 지문의 흔적이 약해서 사용된 것인지 사용되지 않은 것인지 알 수 없다고 할 때 가능한 비밀번호가 모두 몇 가지인지 구하시오.

⬚ 가지

기출유형 ⑤ 연산 규칙 찾기

다음 표는 연산 기호 ◆, ☆, ■를 일정한 규칙에 따라 계산한 결과입니다. 물음에 답하시오.

ㄱ ◆ ㄴ	ㄷ ☆ ㄹ	ㅁ ■ ㅂ
3 ◆ 6 = 15	6 ☆ 3 = 39	3 ■ 5 = 34
8 ◆ 5 = 32	7 ☆ 5 = 212	7 ■ 8 = 113
10 ◆ 4 = 30	4 ☆ 1 = 35	2 ■ 6 = 40
7 ◆ 8 = ①	8 ☆ 2 = ②	4 ■ 9 = ③

(1) ①에 들어갈 알맞은 수를 쓰고, 연산 기호 ◆의 계산 방법을 서술하시오.

수	덧셈식

(2) ②에 들어갈 알맞은 수를 쓰고, 연산 기호 ☆의 계산 방법을 서술하시오.

수	덧셈식

(3) ③에 들어갈 알맞은 수를 쓰고, 연산 기호 ■의 계산 방법을 서술하시오.

수	덧셈식

 문제 속 수학이야기 **포포즈**

포포즈(Four Fours)는 이름에서도 알 수 있듯이 네 개의 숫자 4와 그 사이에 연산기호 ＋, －, ×, ÷를 사용하여 목표하는 자연수를 만드는 것입니다. 예를 들면 $4-4+4-4=0$, $44÷44=1$, $4÷4+4÷4=2$, … 등 입니다. 이런 포포즈는 1802년 영국의 라우즈 볼(Walter William Rouse Ball)이라는 수학자가 「레크레이션 수학  에세이」라는 책에 1에서 112까지의 수를 만드는 방법을 소개하면서 시작되었습니다. 이후에 호기심 많은 사람들이 0에서 1000까지의 수를 네 개의 숫자 4와 수학기호를 이용하여 해결하는 것이 소개되었습니다.

라우즈 볼이 제시한 포포즈는 숫자 4를 네 번만 써야 하고, 괄호, 연산기호 ＋, －, ×, ÷, 44, 444, 4의 거듭제곱, 팩토리얼(!), 루트, … 등 가능한 모든 수학기호를 사용하여 목표한 수를 만드는 것으로 일종의 수학 퍼즐입니다.

기출유형 변형 - 포포즈

5 숫자 3 사이에 ＋, －, ×, ÷와 괄호를 적절히 넣어 THREE FOURS 문제를 해결하려고 합니다. 물음에 답하시오.

(1) 두 개의 숫자 3으로 만들 수 있는 수를 모두 구하시오.

(2) (1)에서 구한 수를 두 번 사용하면 3을 네 번 사용한 것과 같습니다. ＋, －, ×, ÷와 (1)에서 구한 수를 두 번 사용하여 왼쪽 표를 완성하고, 오른쪽 표의 THREE FOURS에 적용해 보시오.

＝1	＝7
＝2	＝8
＝3	＝9
＝5	＝10
＝6	

3 3 3 3＝1	3 3 3 3＝7
3 3 3 3＝2	3 3 3 3＝8
3 3 3 3＝3	3 3 3 3＝9
3 3 3 3＝5	3 3 3 3＝10
3 3 3 3＝6	

(3) 네 개의 숫자 3과 ＋, －, ×, ÷, 괄호를 사용하여 (2)의 오른쪽 표에서 빠진 4를 만드는 식을 쓰시오.

 안심Touch

대칭수(거울수, 팔린드롬수)

팔린드롬은 이탈리아어 뒤로 돌아가기란 뜻의 "palin drom"이란 단어에서 왔습니다. 이것은 언어유희의 일종으로 17세기에 영국의 극작가 벤자민 존슨(Benjamin Jonson)이 고안한 개념이라고 합니다. 앞으로 읽으나 뒤로 읽으나 똑같은 단어나 문장으로, '스위스', '아시아', '다시다', '별똥별', '실험실', '토마토', 'MOM', 'DAD' 등과 같은 단어와 '소주 만병만 주소', '다 좋은 것은 좋다', '다시 합창합시다' 등과 같은 문장도 있습니다. 중국에서는 '회문(回文)'이라는 개념으로 역사가 깊으며, 회문시는 고전문학의 한 장르로 인정되고 있을 정도입니다. 한국, 중국뿐만 아니라 일본, 독일 등에서도 팔린드롬은 발견됩니다. 또, 어떤 사람들은 아래와 같은 문자마방진도 팔린드롬의 한 종류로 생각합니다.

벤자민 존슨
(Benjamin Jonson)

강	원	도
원	주	시
도	시	락

개	똥	아
똥	쌌	니
아	니	오

형	돈	아
돈	썼	니
아	니	오

아	들	아
들	었	니
아	니	오

대칭수는 팔린드롬의 개념을 수에 적용한 것입니다. 대칭수는 11, 22, 33, 101, 111, 121, 1001, 2332, 15451, …과 같이 왼쪽에서 읽을 때와 오른쪽에서 읽을 때 같은 수가 되는 수를 말합니다. 대칭수는 거울수, 회문수, 팔린드롬수 등의 다양한 이름으로 불립니다. 팔린드롬의 개념을 수학에 적용한 또 다른 예로 '$9+9=18 \leftrightarrow 9 \times 9 = 81$', '$24+3=27 \leftrightarrow 24 \times 3 = 72$', '$47+2=49 \leftrightarrow 47 \times 2 = 94$', … 등과 같이 덧셈과 곱셈의 결과 값의 숫자가 서로 거꾸로 되는 것도 있습니다.

1 세 자리 수 중에서 대칭수가 되는 수의 개수를 구하고, 그 이유를 서술하시오.

2   네 자리 수 중에서 대칭수가 되는 수의 개수를 구하고, 그 이유를 서술하시오.

3   다섯 자리 수 중에서 대칭수가 되는 수의 개수를 구하고, 그 이유를 서술하시오.

4   `00:00`, `11:18`, `88:18`, `13:10` 과 같이 표시되는 디지털시계가 있습니다. 시간을 연속해서 읽을 때 하루 동안 몇 번의 대칭수가 나타나는지 구하고, 그 이유를 서술하시오.

기출유형 ⑥ 규칙이 있는 수들의 합

대표문제

영주와 지현이는 달력에서 그림과 같이 가로 5, 세로 3인 테두리를 만들었을 때, 그 안에 15개의 숫자의 합을 빨리 구하는 사람이 이기는 게임을 하고 있습니다. 영주가 지현이보다 빠르게 답을 구하여 대부분의 게임을 이겼습니다. 영주의 계산 방법을 서술하시오.(단, 영주와 지현이의 사칙연산 능력은 같습니다.)

10 OCTOBER

일	월	화	수	목	금	토
			1	2	3	4
5	6	7	8	9	10	11
12	13	14	15	16	17	18
19	20	21	22	23	24	25
26	27	28	29	30		

핵심 개념 차이가 일정한 규칙이 있는 수들의 합

❶ 더하려고 하는 수의 개수가 짝수 개인지, 홀수 개인지 구합니다.

❷ 수의 개수가 짝수 개라면 수들의 합은 첫 수와 끝 수를 짝지어 합을 구합니다.
   이때 (첫 수＋끝 수)의 개수는 수의 개수의 반이 되므로 더하려고 하는 수들의 합은
   '(첫 수＋끝 수)×(개수)÷2'입니다.
   예를 들어 $1+4+7+10+13+16=(1+16)+(4+13)+(7+10)=(1+16)×6÷2=51$입니다.

❸ 수의 개수가 홀수 개이면 가운데 수가 (첫 수＋ 끝 수)의 반이 되므로 더하려고 하는 수들의 합은
   '(가운데 수)×(개수)'입니다.
   예를 들어 $2+6+10+14+18=(2+18)÷2×5=10×5=50$입니다.

기출유형 연습

6-1 다음 수들의 합을 구하시오.

(1) $1+2+3+\cdots+8+9+10=$ ⬚

(2) $1+2+3+\cdots+17+18+19=$ ⬚

(3) $1+2+3+\cdots+48+49+50=$ ⬚

(4) $1+2+3+\cdots+78+79+80=$ ⬚

(5) $1+2+3+\cdots+63+64+65=$ ⬚

(6) $1+2+3+\cdots+98+99+100=$ ⬚

(7) $1+2+3+\cdots+117+118+119=$ ⬚

(8) $13+14+15+\cdots+28+29+30=$ ⬚

(9) $14+15+16+\cdots+48+49+50=$ ⬚

(10) $1+5+9+13+17+21=$ ⬚

(11) $1+8+15+22+29+36+43=$ ⬚

(12) $1+3+5+\cdots+15+17+19=$ ⬚

(13) $2+4+6+\cdots+24+26+28=$ ⬚

기출유형 ⑦ 조건에 맞는 식 찾기

주어진 5장의 숫자 카드로 '(세 자리 수)×(두 자리 수)'의 곱셈식을 만들려고 합니다. 물음에 답하시오.

| 2 | 3 | 5 | 6 | 8 |

(1) '(세 자리 수)×(두 자리 수)'의 곱셈식의 계산 결과가 가장 큰 값이 나오게 하는 식을 구하여 계산하고, 그 이유를 서술하시오.

(2) '(세 자리 수)×(두 자리 수)'의 곱셈식의 계산 결과가 가장 작은 값이 나오게 하는 식을 구하여 계산하고, 그 이유를 서술하시오.

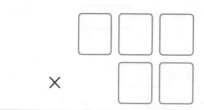

7 주어진 5장의 숫자 카드로 '(세 자리 수)×(두 자리 수)'의 곱셈식을 만들려고 합니다. 물음에 답하시오.

| 0 | 1 | 2 | 4 | 7 |

(1) '(세 자리 수)×(두 자리 수)'의 곱셈식의 계산 결과가 가장 큰 값이 나오게 하는 식을 구하여 계산하고, 그 이유를 서술하시오.

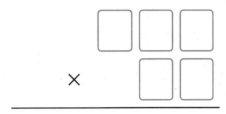

(2) '(세 자리 수)×(두 자리 수)'의 계산 결과가 가장 작게 나오는 식을 구하여 계산하고, 그 이유를 서술하시오.

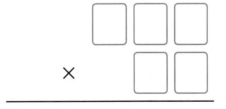

기출유형 ⑧ 조건에 맞는 수 찾기

대표문제

다음과 같은 5장의 숫자 카드가 있습니다. 이 중 4장을 골라 네 자리 수를 만들 때, 8번째로 큰 수와 50번째로 작은 수를 구하고, 그 이유를 서술하시오.

0	1	3	5	7

8번째로 큰 수

50번째로 작은 수

기출유형 변형 - 여러 가지 마방진(삼각진)

8 1, 2, 3, 4, 5, 6, 7의 7개의 수 중에서 서로 다른 6개의 수를 택하여 오른쪽 마방진과 같이 삼각형의 각 변에 놓인 3개의 수들의 합이 모두 같게 만들려고 합니다. 물음에 답하시오.(단, 회전하거나 뒤집었을 때 배열이 같은 경우는 같은 것으로 봅니다.)

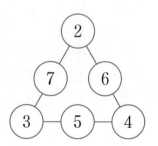

(1) 삼각형의 꼭짓점에 들어가는 수의 합이 가장 작거나 가장 크도록 빈칸에 알맞은 수를 써넣고, 그
    이유를 서술하시오.

합이 가장 작은 경우

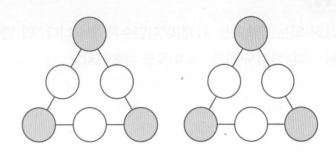

합이 가장 큰 경우

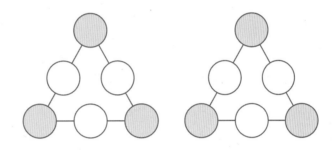

(2) 삼각형의 각 변의 수들의 합이 같아 지도록 여러 가지 마방진을 만들어 보시오.

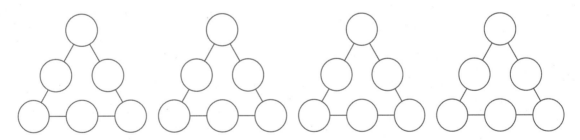

기출유형 ⑨ 연속하는 자연수의 성질

대표문제

더해서 121이 되는 연속하는 11개의 자연수가 있습니다. 이 연속하는 11개의 자연수 중 가장 큰 수는 얼마인지 구하고, 그 이유를 서술하시오.

핵심 개념

<연속하는 자연수의 합>

❶ 연속하는 자연수가 홀수 개이면 (가운데 수)×(개수)＝(연속하는 자연수의 합)이 됩니다.
   예 7＋8＋9＋10＋11＝9×5＝45

❷ 연속하는 자연수가 짝수 개이면 (가운데 두 수의 합)×(개수의 반)＝(연속하는 자연수의 합)이 됩니다. 예 7＋8＋9＋10＋11＋12＝19×3＝57

<연속하는 자연수들의 홀수만의 합과 짝수만의 합의 차>

❶ 연속하는 자연수들을 앞에서부터 2개씩 짝을 짓습니다.
   홀수로 시작하면 (홀수, 짝수), (홀수, 짝수), …이고, 짝수로 시작하면 (짝수, 홀수), (짝수, 홀수), …가 됩니다.

❷ 연속하는 자연수의 개수가 짝수 개이면 합의 차는 짝마다 차가 무조건 1이므로 짝의 개수가 됩니다. 연속하는 자연수의 개수가 홀수 개이면 2개씩 짝을 짓고 마지막 수 1개가 남으므로 합의 차는 (마지막 수)−(짝의 개수)가 됩니다.

기출유형 연습

9-1 어떤 연속하는 자연수가 홀수 개 있습니다. 이 자연수들 중에서 짝수만의 합과 홀수만의 합의 차가 30이고, 가장 큰 수와 가장 작은 수의 차가 24입니다. 가운데 수를 구하고, 그 이유를 서술하시오.

9-2 연속하는 5개의 두 자리 수가 있습니다. 이 수들의 십의 자리 숫자와 일의 자리 숫자의 합을 구하면 차례대로 7, 8, 9, 10, 11입니다. 연속하는 5개의 두 자리 수를 모두 구하고, 그 이유를 서술하시오.

9-3 두 자리 수 10, 11, 12, 13, 14는 연속하는 자연수입니다. 이와 같이 연속하는 5개의 두 자리 수의 합이 4로 나누어떨어지는 것은 모두 몇 쌍인지 구하고, 그 이유를 서술하시오.

9-4 22+23=45와 같이 45를 연속하는 자연수의 합으로 나타내려고 합니다. 가능한 방법을 모두 구하고, 그 이유를 서술하시오.

기출유형 ⑩ 수와 숫자의 개수

대표문제

1에서 10000까지 자연수를 나열할 때, 숫자 3은 모두 몇 번 쓰이는지 구하고, 그 이유를 서술하시오.

기출유형 연습

10-₁ 1에서 10000까지 자연수를 나열할 때, 숫자 0은 몇 번 쓰이는지 구하고, 그 이유를 서술하시오.

핵심 개념 숫자의 개수

① 한 자리 수의 숫자의 개수는 9개입니다. ➡ 1~9에서 숫자의 개수는 9개입니다.

② 두 자리 수에 쓰이는 숫자의 개수는 (두 자리 수의 개수)×2 (개)입니다.

　➡ 10~99에서 숫자의 개수는 90×2=180 (개)입니다.

③ 세 자리 수에 쓰이는 숫자의 개수는 (세 자리 수의 개수)×3 (개)입니다.

　➡ 100~999에서 숫자의 개수는 900×3=2700 (개)입니다.

 특정 숫자의 개수

① 1~99에서 숫자 3은 1~9 중 3에서 1개, 10~99 중 십의 자리 3□에서 10개, 일의 자리 □3에서 9 개로 모두 1+10+9=20 (개)가 있습니다.

② 1~999에서 숫자 3은 1~99에서 20개가 있고, 100~999 중 백의 자리 3□□에서 100개, 십의 자리 □3□에서 90개, 일의 자리 □□3에서 90개로 모두 20+100+90+90=300 (개) 있습니다.

③ 1~99에서 숫자 0은 일의 자리 □0에서 모두 9개 있습니다.

④ 1~999에서 숫자 0은 10~99에서 □0으로 9개, 100~999 중 십의 자리 □0□에서 90개, 일의 자리 □□0에서 90개로 모두 9+90+90=189 (개)가 있습니다.

10-2 151에서 1000까지 자연수를 나열할 때, 숫자 7은 몇 번 쓰이는지 구하고, 그 이유를 서술하시오.

10-3 417에서 683까지 자연수를 나열할 때, 가장 많이 쓰이는 숫자는 몇 번인지 구하고, 그 이유를 서술하시오.

10-4 284에서 815까지 자연수를 나열할 때, 가장 많이 쓰이는 숫자와 가장 적게 쓰이는 숫자의 차이는 몇 번인지 구하고, 그 이유를 설명하시오.

고대인들의 수세기

기수법은 수를 시각적으로 나타내는 방법을 말합니다. 가장 단순하고 원시적인 기수법은 1에 대한 표현법만 가지고, 이를 반복해서 나타내는 단항 기수법으로서, 1을 선분, 원 또는 점 등으로 나타냅니다. 예를 들어 만약 1을 나타내는 단위 기호가 ○이라면 3은 ○○○, 7은 ○○○○○○○으로 표기하는 것입니다.

초기의 단항 기수법에서는 제법 큰 수를 나타낼 때에도 그냥 가로로 나열하여 표기하였습니다. 하지만 단위 기호가 많아지면 사람들이 한눈에 개수를 셀 수가 없어서 그 기호가 몇 개를 나타내는지 쉽게 알수가 없었습니다. 이에 따라 시간이 지나면서 오른쪽 <그림 1>과 같

〈그림 1〉

이 단위 기호 5개를 쓰면 띄어쓰기를 하여 알아볼 수 있게 하거나, 5개 단위로 약간 기울여서 쉽게 알아 볼 수 있도록 하였습니다. 또 다른 방식으로는 한 줄에 있는 단위 기호가 특정한 개수(5개, 10개 등)가 되면 다음 줄로 넘어가는 방식으로 숫자를 쓰기도 하였습니다.

옆으로 나열된 단위 기호가 4개를 넘으면 그 개수를 한눈에 알 수 어렵기 때문에 조금 발전된 단항 기수법에서 한 번에 표시하는 단위 기호

〈그림 2〉

는 최대 4개인 것이 일반적이라고 합니다. 따라서 단위 기호가 5개가 되면 위의 <그림 2>와 같이 묶음을 하거나 다른 기호를 사용하게 되었습니다.

고대 이집트인이나 크레타 섬 주민들의 경우 단위 기호를 한 줄에 4개씩 표기하였고, 바빌로니아인이나 페니키아인은 한 번에 3개씩 표기하였습니다. 또 어떤 문명은 아예 숫자 5에 대한 기호를 만들어서 숫자 인식의 어려움을 극복하고자 하였습니다.

1 한눈에 인식할 수 있는 숫자의 개수가 3개 또는 4개까지만 가능하다는 것을 활용한 것들이 현재에도 많이 남아 있습니다. 실생활 속에서 발견할 수 있는 숫자를 3개 또는 4개로 끊어서 읽는 예를 3가지 이상 서술하시오.

고대 이집트의 10진법

고대 이집트에서는 기원전 3000년(약 5000년) 전부터 기수법을 이용하여 수를 나타내었으며, 1000년 전까지 약 4000년간 이 방법을 사용하였습니다. 이 기수법은 10개가 되면 다른 모양을 사용하는 10진법을 사용하였는데, 1, 10, 100, 1000, 10000, 100000, 1000000의 숫자들을 다른 기호로 표기하였습니다. 이러한 기호들은 오른쪽 그림과 같이 특정 사물의 모양을 본떠 만든 상형문자였습니다.

1	
10	
100	
1000	
10000	
100000	
1000000	

예를 들어 왼쪽 그림과 같은 기호는 이집트 동부에 있는 카르낙이라는 곳에서 발견된 돌에 새겨진 것으로 4622를 의미합니다.

상형문자를 이용한 기수법은 자리마다 다른 기호가 필요하고, 같은 상형문자를 여러 개 사용해야 하므로 모든 수를 표현하려면 상형문자 기호가 무한히 많아야 했습니다. 하지만 고대 이집트에서는 100000보다 큰 수가 필요한 경우는 거의 없었기 때문에 이런 기수법이 약 4000년 동안이나 유지되어 사용될 수 있었습니다.

1 다음 고대 이집트 수를 현재 우리가 사용하는 수로 바꾸어 보시오.

(1)

(2)

2 **1**을 통해 알 수 있는 현재 우리가 사용하는 수 체계와 고대 이집트의 수 체계의 다른 점을 서술하시오.

II

도형과 측정

기출유형 ① 조각 나누기

대표문제

다음과 같이 36개의 작은 정삼각형으로 이루어진 정삼각형이 있습니다. 이 정삼각형을 모양과 크기가 같은 3조각으로 나누려고 합니다. 다음 예시를 제외한 4가지 방법으로 나눠 아래 그림에 표시하시오.(단, 돌리거나 뒤집었을 때 같은 모양의 도형은 같은 도형으로 봅니다.)

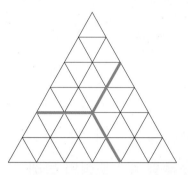

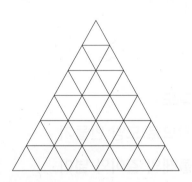

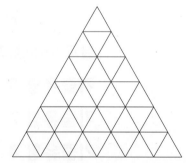

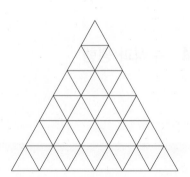

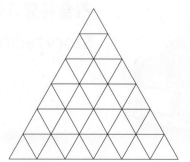

기출유형 연습

1-1 여러 가지 방법으로 주어진 도형을 모양과 크기가 같은 4조각으로 나누시오.(단, (5), (6)의
같은 도형은 서로 다른 모양으로 4조각을 나눕니다.)

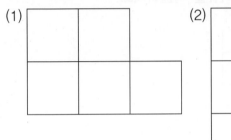

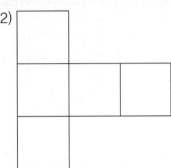

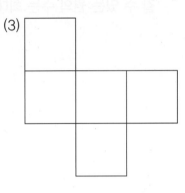

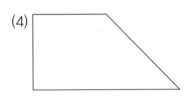

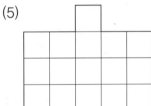

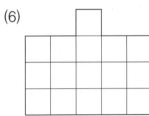

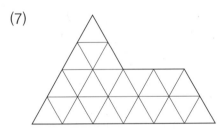

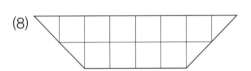

1-2 도형 안의 서로 다른 종류의 기호가 각각 하나씩 포함되도록 모양과 크기가 같은 4조각으로
나누시오.

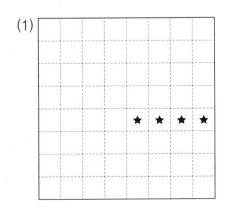

(2)

기출유형 ② 도형의 개수

대표문제

다음 같은 정사각형 모양의 타일이 30개 있습니다. 이 타일을 붙여 직사각형을 만들 때 생길 수 있는 원의 수는 최대 몇 개인지 구하고, 그 이유를 서술하시오.

기출유형 연습

2-1 다음과 같은 정사각형 모양의 타일이 15개 있습니다. 이 타일을 붙여 직사각형으로 만들 때 생길 수 있는 크고 작은 정사각형은 최대 개수가 몇 개인지 구하고, 그 이유를 서술하시오.

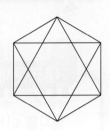

2-2 오른쪽과 같은 모양의 도형에서 찾을 수 있는 크고 작은 삼각형은 모두 몇 개인지 구하고, 그 이유를 서술하시오.

2-3 오른쪽 그림의 도형에서 선을 따라 그릴 수 있는 직사각형은 모두 몇 개인지 구하고, 그 이유를 서술하시오.

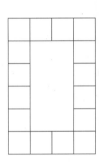

2-4 각 AOB가 직각일 때, 오른쪽 그림의 도형에서 찾을 수 있는 예각은 모두 몇 개인지 구하고, 그 이유를 서술하시오.

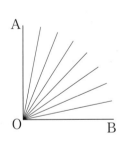

기출유형 ③ 위, 앞, 옆 모양

대표문제

철사를 이용하여 그림의 도형을 만들었습니다. 위쪽, 왼쪽, 앞쪽, 오른쪽에서 이 도형에 빛을 비출 때, 나타나는 그림자의 모양을 그려 보시오.

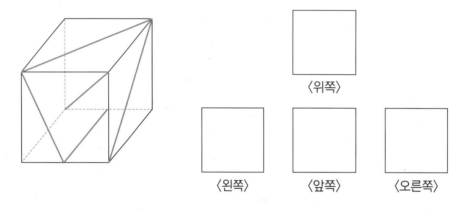

〈위쪽〉

〈왼쪽〉　　　〈앞쪽〉　　　〈오른쪽〉

기출유형 연습

3-1　아래 그림과 같이 쌓은 쌓기나무를 위쪽, 왼쪽, 앞쪽, 오른쪽에서 보았을 때 어떤 모양인지 그려 보시오.

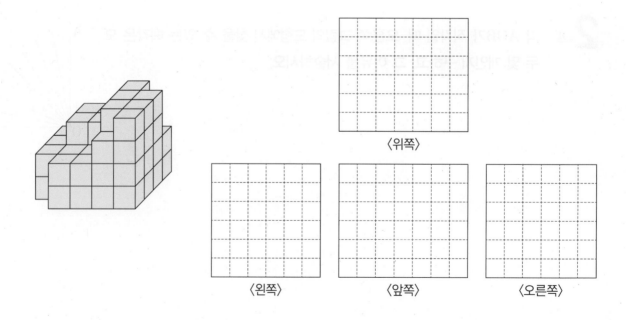

〈위쪽〉

〈왼쪽〉　　　〈앞쪽〉　　　〈오른쪽〉

3-2 다음은 쌓기나무를 위쪽, 앞쪽, 옆쪽에서 본 모양을 그린 그림입니다. 쌓기나무를 가장 적게 사용할 경우 필요한 쌓기나무의 개수와 가장 많이 사용할 경우 필요한 쌓기나무의 개수를 각각 구하고, 그 이유를 서술하시오.

(1)

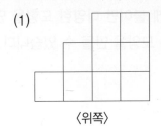
〈위쪽〉

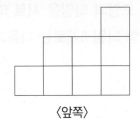
〈앞쪽〉

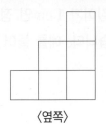
〈옆쪽〉

(2)

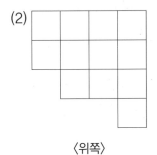
〈위쪽〉

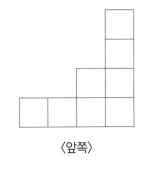
〈앞쪽〉

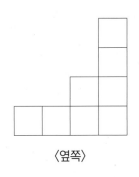
〈옆쪽〉

(3)

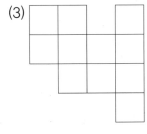
〈위쪽〉

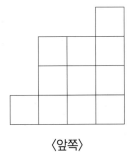
〈앞쪽〉

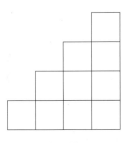
〈옆쪽〉

기출유형 ④ 도형의 둘레

한 변의 길이가 1 cm인 정삼각형 모양의 타일을 서로 마주보게 붙이면 다양한 도형을 만들 수 있습니다. 예를 들어 정삼각형 타일 5개로는 다음과 같은 모양을 만들 수 있습니다.

한 변의 길이가 1 cm인 정삼각형 모양의 타일 12개를 서로 마주보게 붙여 만들 수 있는 둘레의 길이가 가장 짧은 도형을 10가지 이상 그려 보시오.(단, 돌리거나 뒤집었을 때 같은 모양의 도형은 같은 도형으로 봅니다.)

4 한 변의 길이가 1 cm인 아래의 모눈에 둘레의 길이가 12 cm인 도형을 15가지 이상 그려 보시오.(단, 돌리거나 뒤집었을 때 같은 모양의 도형은 같은 도형으로 봅니다.)

기출유형 ⑤ 쌓기나무의 개수

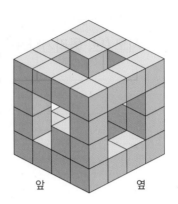

대표문제

오른쪽은 쌓기나무를 붙여서 만든 도형입니다. 위아래로 3칸의 구멍이 바닥까지 뚫려 있고, 앞뒤로도 3칸의 구멍이 뒷쪽 끝까지 뚫려 있습니다. 또한, 옆으로는 4칸의 구멍이 다른 쪽 끝까지 뚫려 있습니다. 이때 필요한 쌓기나무의 개수를 구하고, 그 이유를 서술하시오.

앞   옆

기출유형 연습

5-1 왼쪽 그림과 같이 쌓기나무를 이용하여 도형을 만들고, 바닥면을 포함한 겉면에 물감을 칠했습니다. 오른쪽 그림과 같이 위에서 본 모양의 바탕그림에 각각의 쌓기나무의 색칠된 면의 개수를 써넣으시오.

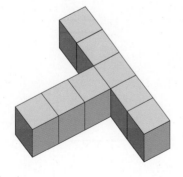

5			

5-2 쌓기나무를 이용하여 오른쪽과 같은 도형을 만들고, 바닥면을 포함한 겉면에 물감을 칠했습니다. 각 층의 위에서 본 모양의 바탕그림에 쌓기나무의 색칠된 면의 개수를 써넣으시오.

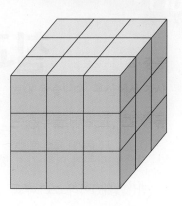

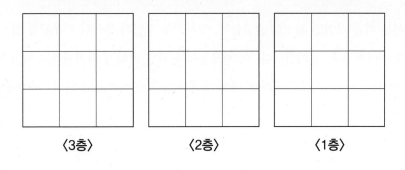

〈3층〉　　　　　〈2층〉　　　　　〈1층〉

5-3 17개의 쌓기나무를 모두 이용하여 다음과 같은 도형을 만들고, 바닥면을 포함한 겉면에 물감을 칠했습니다. 이 도형에서 색칠된 면이 모두 몇 개인지 구하고, 그 이유를 서술하시오.

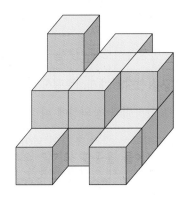

칠교놀이(탱그램)와 각

약 5000년 전부터 고대 중국에서는 퍼즐 게임인 칠교를 즐겼는데, 정사각형 모양의 종이나 나무판을 일곱 조각으로 나누어 여러 가지 형상을 꾸미며 노는 놀이입니다. 이 칠교놀이를 하면 지혜가 길러진다고 해서 지혜판(智慧板)이라고도 하고, 손님을 머무르게 하는 판이라고 하여 유객판(留客板)이라고도 하며, 서양에서는 탱그램(Tangram)이라고 합니다.

우리나라에서는 칠교놀이의 방법을 그림으로 해석한 책 『칠교해(七巧解)』가 전해지는데, 여기에는 복숭아 · 감 · 배 등의 과일의 모양, 나무 · 풀 등의 식물의 모양 등으로 여러 가지 형태를 만들어가며 즐길 수 있게 300여 종에 달하는 모양이 그려져 있어 오랜 전부터 이 놀이를 즐겼음을 알 수 있습니다.

〈칠교해〉

이 칠교놀이가 세계 여러 나라로 전해지면서 많은 사람들이 칠교놀이에 대해서 관심을 가지고 즐기게 되었습니다. 유럽과 미국에서는 칠교놀이를 탱그램(Tangram)이라 부르는데, 그 이유는 당나라에서 놀던 놀이라는 뜻에서 유래되었다고 합니다. 미국의 작가 애드거 앨런 포우는 상아로 칠교판을 만들어 광적으로 이 놀이를 즐겼다고 하며, 프랑스의 황제 나폴레옹은 황제 자리에서 쫓겨나 섬으로 유배되어 고독한 시간을 보낼 때, 이 칠교놀이로 울적함을 달랬다고 전해집니다.

칠교판은 오른쪽 그림과 같이 큰 직각이등변삼각형 2개, 중간 크기의 직각이등변삼각형 1개, 작은 직각이등변삼각형 2개, 정사각형 1개, 평행사변형 1개로 이루어져 있습니다. 이 간단한 7개의 조각으로 상상력과 창의성에 따라 무궁무진하게 많은 모양을 만들 수 있습니다. 이 7개의 조각들은 각각 조각의 넓이와 변의 길이가 일정한 비로 이루어져 있어서 평면도형의 탐구와 직각의 활용을 보여 주는 예로 아주 적합합니다.

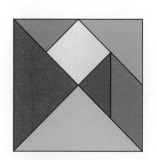

칠교놀이는 7개의 한정된 조각을 가지고 새로운 독창적인 모형을 만드는 것으로, 학생들의 상상력과 사고력, 조직력을 기르는 데 매우 유익한 놀이라고 할 수 있습니다.

1 오른쪽 그림과 같은 칠교판에는 몇 가지 종류의 서로 다른 각이 있는지 찾으려고 합니다. 칠교판에 각도를 표시하고, 그 각이 나오는 이유를 서술하시오.

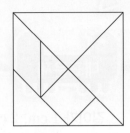

2 칠교판에 있는 도형만으로는 정육각형을 만들 수 없습니다. 그 이유를 서술하시오.

3 다음 그림은 정사각형 모양의 색종이를 접어서 가위로 자르는 과정을 나타낸 것입니다. 마지막 그림에서 각 가의 크기를 구하고, 그 이유를 서술하시오.

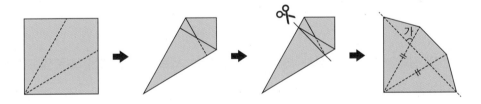

길이가 1 cm, 2 cm, 3 cm, 4 cm, 5 cm, 6 cm, 7 cm, 8 cm, 9 cm, 10 cm인 막대가 각각 1개씩 있습니다. 이 중에서 몇 개의 막대를 골라 정사각형을 만들려고 합니다. 물음에 답하시오.(단, 막대의 두께는 무시합니다.)

(1) 이 막대들을 이용하여 만들 수 있는 가장 작은 정사각형의 한 변의 길이를 구하고, 그 이유를 서술하시오.

(2) 이 막대들을 이용하여 만들 수 있는 크기가 서로 다른 정사각형은 모두 몇 가지인지 구하고, 그 이유를 서술하시오.

(3) 한 변의 길이가 12 cm인 정사각형을 만들 수 있는 서로 다른 방법은 모두 몇 가지인지 구하고, 그 이유를 서술하시오.

기출유형 연습

6-1 다음 그림과 같이 양 끝각의 크기가 85°인 사다리꼴을 처음의 사다리꼴과 만날 때까지 이어 붙여 새로운 도형을 만들려고 합니다. 이때 필요한 사다리꼴의 개수를 구하고, 그 이유를 서술하시오.

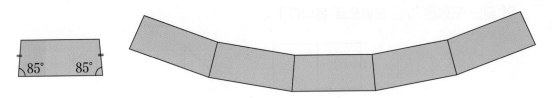

6-2 같은 크기의 정사각형 모양의 색종이 2장을 겹쳤을 때 생길 수 있는 다각형을 모두 찾고, 그때의 겹쳐진 모양을 그려 보시오.

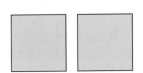

핵심 개념

〈다각형의 내각의 크기의 합〉

□각형의 한 꼭짓점에서 대각선을 모두 그으면 (□−2)개의 삼각형으로 나누어지므로
□각형의 내각의 크기의 합은 180°×(□−2)입니다.

〈정다각형의 한 내각의 크기〉

정□각형의 한 내각의 크기는 (□각형의 내각의 크기의 합)÷□입니다.

〈외각의 크기의 합과 한 외각의 크기〉

① 다각형의 외각의 크기의 합은 항상 360°입니다.
② 정□각형의 한 외각의 크기는 360°÷□입니다.

기출유형 ⑦ 주어진 조각으로 모양 만들기

대표문제

다음 그림과 같이 크기가 같은 정사각형 2개가 연결된 도형 1개와 정사각형의 크기의 반인 직각삼각형 2개가 있습니다. 이 4개의 도형을 모두 이용하여 돌리거나 뒤집어 붙여서 만들 수 있는 새로운 도형을 20가지 이상 그리시오.(단, 돌리거나 뒤집었을 때 같은 모양이 되는 도형은 같은 도형으로 봅니다.)

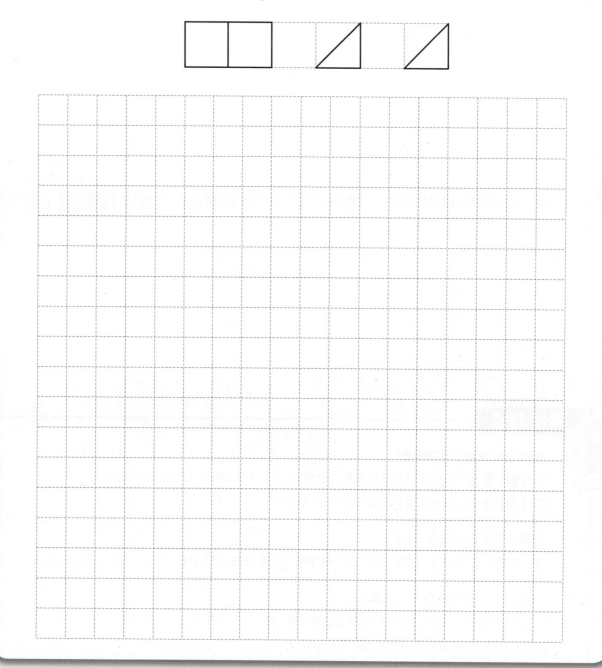

7 다음 그림과 같이 크기가 같은 정사각형 2개와 직각삼각형 2개가 있습니다. 이 4개의 도형을 모두 이용하여 돌리거나 뒤집어 붙여서 만들 수 있는 새로운 도형을 15가지 이상 그리시오. (단, 돌리거나 뒤집었을 때 같은 모양이 되는 도형은 같은 도형으로 봅니다.)

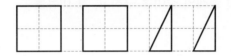

대표문제

다음 그림은 정사각형의 각 변에 모양과 크기가 같은 직사각형 4개를 붙여 만든 도형입니다. 물음에 답하시오.

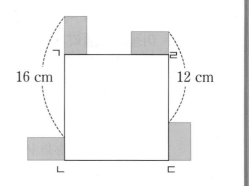

(1) 정사각형 ㄱㄴㄷㄹ의 둘레의 길이를 구하고, 그 이유를 서술하시오.

(2) 색칠된 직사각형의 세로의 길이와 가로의 길이의 차를 구하고, 그 이유를 서술하시오.

기출유형 연습

8-1 길이가 268 cm인 철사가 있습니다. 이 철사를 이용하여 가로의 길이가 세로의 길이보다 32 cm 더 긴 직사각형을 만들려고 합니다. 직사각형의 세로의 길이와 가로의 길이를 각각 구하고, 그 이유를 서술하시오.

8-2 다음 그림은 둘레의 길이가 24 cm인 직사각형 4개를 붙여서 만든 도형입니다. 이 도형에서 가장 큰 정사각형의 넓이는 몇 cm²인지 구하고, 그 이유를 서술하시오.

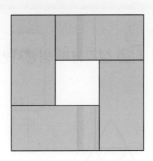

8-3 다음 그림과 같이 크기가 같은 팔각형 8개가 겹쳐져 있습니다. 겹쳐진 부분의 넓이의 합이 32 cm²일 때, 색칠된 부분의 전체 넓이는 몇 cm²인지 구하고, 그 이유를 서술하시오.

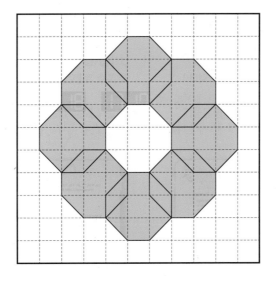

기출유형 ⑨ 크고 작은 도형의 개수

대표문제

다음 도형에서 찾을 수 있는 크고 작은 삼각형과 평행사변형은 모두 몇 개 있는지 각각 구하고, 그 이유를 서술하시오.

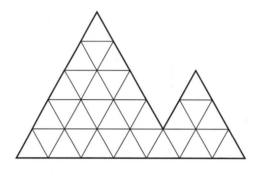

(1) 찾을 수 있는 삼각형의 개수

(2) 찾을 수 있는 평행사변형의 개수

9 다음 도형에서 찾을 수 있는 크고 작은 정사각형과 직사각형은 모두 몇 개인지 각각 구하고, 그 이유를 서술하시오.(단, 정사각형은 직사각형도 됩니다.)

(1)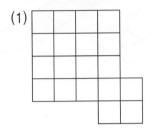

① 정사각형의 개수

② 직사각형의 개수

(2)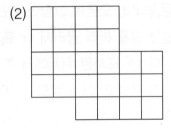

① 정사각형의 개수

② 직사각형의 개수

기출유형 ⑩ 주사위

 **대표문제**

정육면체 모양의 주사위의 각 면에 1에서 6까지의 눈이 각각 하나씩 그려져 있고, 마주 보는 두 면의 눈의 수의 합은 모두 7로 같습니다. 오른쪽 그림과 같은 주사위 판 위에 주사위를 놓고 길을 따라 굴려서 ☆ 표시된 위치까지 옮기려고 합니다. ☆ 표시된 위치에서 주사위 윗면의 눈의 수가 얼마인지 구하고, 그 이유를 서술하시오.

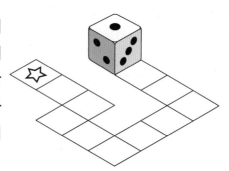

핵심 개념

〈주사위의 7점 원리〉

일반적인 주사위의 마주 보는 두 면의 눈의 수의 합은 항상 7이 되므로 1과 마주 보는 면의 눈의 수는 6, 2와 마주 보는 면의 눈의 수는 5, 3과 마주 보는 면의 눈의 수는 4입니다.

〈주사위 굴리기〉

① I자 규칙 : 그림과 같이 한 칸 건너편 칸에는 마주 보는 면의 눈이 나옵니다.

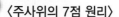

② N자 규칙 : 그림과 같이 ↰ (또는 ↱) 형태로 주사위를 굴리면 마주 보는 면의 눈이 나옵니다.

③ U자 규칙 : 그림과 같이 ⌊↑ (또는 ↑⌋) 형태로 주사위를 굴리면 처음과 같은 면의 눈이 나옵니다.

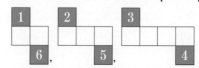

10-1 다음은 마주 보는 두 면의 눈의 수의 합이 7인 주사위 6개를 이어 붙여 만든 모양입니다. 주사위 2개가 서로 맞닿은 면의 눈의 수의 합이 항상 7이라고 할 때, ✿에 알맞은 눈의 수를 구하고, 그 이유를 서술하시오.

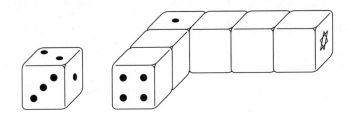

10-2 오른쪽은 마주 보는 두 면의 눈의 수의 합이 7인 주사위 6개를 쌓아서 만든 모양입니다. 바닥면을 포함한 겉면의 눈의 수의 합이 가장 클 때의 값과 가장 작을 때의 값을 각각 구하고, 그 이유를 서술하시오.

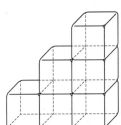

(1) 겉면의 눈의 수의 합이 가장 클 때

(2) 겉면의 눈의 수의 합이 가장 작을 때

수직과 평행

고대 바빌로니아와 이집트에서는 피라미드와 같은 큰 건물을 짓거나 나일강의 범람으로 토지를 다시 나누기 위해 측량을 했는데, 이때 삼각형의 성질을 이용하는 삼각 측량법 사용하였습니다. 삼각 측량법을 사용하기 위해서는 직각(수직) 삼각형을 그려야 하는데, 고대 이집트 사람들은 오른쪽 그림과 같이 긴 끈을 12등분으로 매듭을 지어 매듭의 간격을 3마디, 4마디, 5마디의 간격으로 세 사람이 끈을 잡아 당겨 직각을 찾아 삼각형을 그렸다고 합니다.

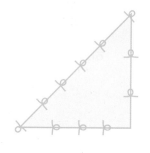

또, 건물을 지을 때도 지면과 수직이 되지 않으면 건물이 넘어질 우려가 있기 때문에 건물의 수직을 측정해야 하는데 오른쪽 사진과 같은 수직추라는 도구를 이용하여 측정합니다. 지혜로운 우리 조상들은 옛날부터 무겁고 뾰족한 추를 끈에 매달아 높은 곳에서 땅으로 떨어 뜨려 수직을 찾았습니다. 이렇게 찾은 수직은 안전한 건물을 짓도록 도와주고, 건물의 높이를 측정할 때, 물의 수심을 잴 때 등에도 사용됩니다.

〈수직추〉

요즘 우리는 삼각자를 이용하여 쉽게 수직(직각)을 찾고, 평행선을 그릴 수 있습니다. 하지만 예전에 사용했던 삼각자는 지금과 같은 모양이 아니었다고 합니다. 빗변이 없는 직각자 형태였는데, 이때의 삼각자는 선을 긋는 것보다 특수한 각도를 구하기 위해 사용되었습니다.

삼각자는 영어로 'set square'라고 합니다. 삼각자는 두 종류로 구성되는데 그 이유는 다음 그림과 같이 정삼각형과 정사각형을 각각 이등분하여 두 종류의 직각삼각형을 얻을 수 있기 때문입니다. 정삼각형을 이등분하면 합동인 두 직각삼각형이 되는데 이 직각삼각형은 두 내각의 크기가 각각 30°, 60°인 직각삼각형이고, 오늘날 삼각자의 한 모양이 되었습니다. 또, 정사각형의 한 대각선을 그으면, 합동인 두 직각삼각형으로 나눠지는데 이 직각삼각형은 한 내각의 크기가 45°인 직각삼각형이 되고, 오늘날 삼각자의 또 다른 모양이 됩니다.

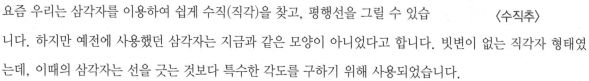

따라서 삼각자를 이용하면 30°, 45°, 60°, 90°의 특수한 각도를 알아낼 수 있습니다.

현재는 삼각자를 길이 재기, 선 긋기, 직각 찾기, 평행선 그리기 등의 다양한 용도로 사용하지만 예전에는 선 긋기보다는 특수한 각도를 쉽게 찾아 쓰기 위해 사용했다고 할 수 있습니다.

정답 및 해설 49쪽

1 다음과 같은 2개의 삼각자로 잴 수 있는 각의 크기는 모두 몇 가지인지 구하고, 그 이유를 서술하시오.

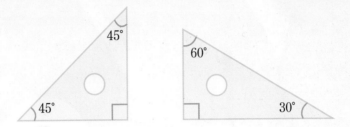

2 빛이 거울을 반사할 때의 입사각과 반사각의 크기는 같습니다. 다음 그림과 같이 2개의 거울의 사이의 각의 크기가 10°가 되도록 붙어 있습니다. 밑면에 있는 거울의 한 점 A에서 위쪽에 있는 거울의 한 점 B로 40°가 되도록 빛을 발사하였습니다. 이 빛은 두 거울 사이를 차례대로 반사되다가 다시 점 A로 되돌아온다고 합니다. 점 A로 되돌아올 때까지 몇 번 반사되었는지 구하고, 그 이유를 서술하시오.

Ⅱ. 도형과 측정 **51**

Ⅲ

규칙과 문제해결

기출유형 ① 조건 읽고 해결하기

대표문제

1월 7일 오후 2시 30분 서울에서 출발하여 뉴욕을 거쳐 런던으로 갈 때, 다음 조건을 읽고 런던에 도착하는 시각을 구하시오.

▷ 런던은 방콕보다 7시간 느립니다.　　▷ 뉴욕은 방콕보다 12시간 느립니다.

▷ 방콕은 서울보다 2시간 느립니다.　　▷ 파리는 뉴욕보다 6시간 빠릅니다.

▷ 서울에서 뉴욕까지 비행기로 가면 13시간 30분이 걸립니다.

▷ 뉴욕에서 2시간 45분 후에 런던행 비행기를 탈 수 있습니다.

▷ 뉴욕에서 런던까지 비행기로 가면 6시간 40분이 걸립니다.

기출유형 연습

1-1 토끼가 거북이를 쫓아갑니다. 첫 번째 측정할 때는 거북이가 토끼보다 60 m 앞에 있었고, 5분 후 두 번째 측정할 때는 거북이가 토끼보다 35 m 앞에 있었습니다. 토끼가 거북이를 추월하는 것은 두 번째 측정하고 나서 몇 분 후인지 구하고, 그 이유를 서술하시오.

1-2 올해 형은 16살, 동생은 11살입니다. 두 사람의 나이의 합이 47살이 되는 해는 몇 년 후인지 구하고, 그 이유를 서술하시오.

1-3 누나의 9년 전 나이는 동생의 3년 후 나이와 같고, 누나의 7년 전 나이와 7년 후 나이의 합은 34살입니다. 14년 후 두 사람 나이의 합을 구하고, 그 이유를 서술하시오.

1-4 올해 아버지는 45살이고, 아들은 12살입니다. 아버지의 나이가 아들의 2배가 되는 해는 몇년 후인지 구하고, 그 이유를 서술하시오.

1-5 올해 아버지, 어머니, 누나, 동생 나이의 합은 124살이고, 아버지는 어머니보다 4살이 많습니다. 17년 후 아버지, 어머니, 누나, 동생의 나이의 합은 누나와 동생의 나이의 합의 3배가된다고 할 때, 올해 어머니의 나이를 구하고, 그 이유를 서술하시오.

1-6 16년 전 아버지의 나이는 아들의 나이의 3배보다 3살이 많았고, 올해는 아들의 나이의 2배라고 합니다. 올해의 아들과 아버지의 나이를 각각 구하고, 그 이유를 서술하시오.

기출유형 ② 거꾸로 생각하기

대표문제

혜나와 은빈이가 가위바위보로 구슬 내기를 하고 있습니다. 진 사람은 이긴 사람에게 자신이 가지고 있는 구슬의 절반보다 2개를 더 주기로 했습니다. 처음에는 혜나가 이겼고, 두 번째는 은빈이가 이겼습니다. 이 규칙대로 구슬을 주고 받은 후, 혜나는 구슬 22개를, 은빈이는 구슬 50개를 가지게 되었습니다. 혜나와 은빈이는 처음에 각각 몇 개의 구슬을 가지고 있었는지 구하고, 그 이유를 서술하시오.

기출유형 연습

2-1 떡장수 할머니가 시장에서 하루 종일 떡을 팔고 남은 떡을 들고 집으로 돌아가고 있었습니다. 늦은 밤 세 개의 고개를 넘어 가는 데 고개마다 호랑이를 차례로 한 마리씩 모두 세 마리를 만났습니다. 할머니는 호랑이에게 갖고 있는 떡의 절반과 떡 1개씩을 더 주고서야 풀려날 수 있었습니다. 간신히 집에 도착했을 때 할머니가 갖고 있는 떡은 3개뿐이었다면 처음에 떡장수 할머니가 시장에서 팔고 남은 떡은 몇 개였는지 구하고, 그 이유를 서술하시오.

2-2 은영, 은혜, 은정이 세 자매는 설날 아침 세뱃돈을 받은 뒤 다음과 같은 규칙으로 놀이를 하였습니다.

> **규칙** 먼저 은영이가 은혜와 은정이에게 그들이 가지고 있는 만큼의 돈을 주었습니다. 그러자 은혜도 은영이와 은정이가 가진 만큼의 돈을 그들에게 주었습니다. 마지막으로, 은정이도 은영이와 은혜에게 그들이 가진 만큼의 돈을 주었습니다.
> 놀이가 끝난 후, 세 자매는 모두 각각 32000원씩 가지게 되었습니다.

처음에 세 자매는 각각 얼마를 가지고 있었는지 구하고, 그 이유를 서술하시오

2-3 A 그릇, B 그릇에 물이 들어 있는데 A 그릇에는 B 그릇보다 많은 양의 물이 들어 있습니다. 다음과 같은 순서로 물을 옮겨 담았을 때, 두 그릇에 남아 있는 물의 양이 64 L로 같아졌습니다.

> **순서** 1. A 그릇에서 B 그릇에 들어 있는 양만큼의 물을 퍼내어 B 그릇으로 옮겨 담았습니다
> 2. B 그릇에서 A 그릇에 남아 있는 양만큼의 물을 퍼내어 A 그릇으로 옮겨 담았습니다.
> 3. A 그릇에서 현재 B 그릇에 남아 있는 양만큼의 물을 퍼내어 B 그릇으로 옮겨 담았습니다.

A 그릇과 B 그릇에 들어 있던 처음의 물의 양은 각각 얼마인지 구하고, 그 이유를 서술하시오.

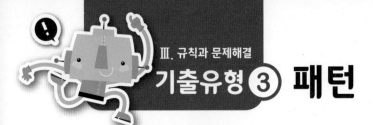

기출유형 ③ 패턴

대표문제

다음과 같이 원형으로 나열된 숫자판 위에서 개구리는 홀수가 적힌 칸에서는 앞으로 2칸씩, 짝수가 적힌 칸에서는 뒤로 3칸씩 이동합니다. 개구리가 1이 적힌 칸에서 출발하여 시계방향으로 돌 때, 이 규칙을 2000번 반복한 뒤 개구리가 있는 칸에 적힌 숫자는 무엇인지 구하고, 그 이유를 서술하시오.

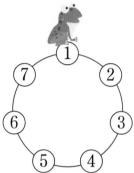

기출유형 연습

3-1 다음 그림은 일정한 규칙으로 색칠한 것입니다. 7번째, 8번째, 9번째 그림을 그리시오.

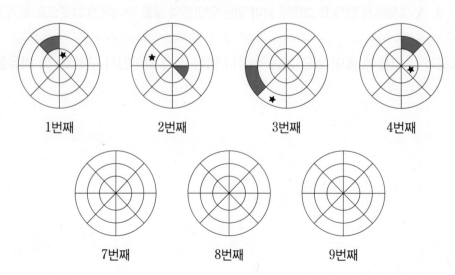

3-2 다음과 같이 손가락을 세어 나갈 때 1273은 어느 손가락이 되는지 구하고, 그 이유를 서술하시오.

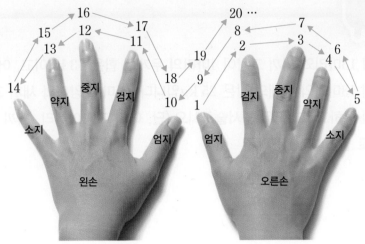

3-3 다음 그림과 같이 0부터 6까지의 숫자가 같은 간격으로 적힌 숫자판이 있습니다. 이 숫자판 위를 개구리가 0이 적힌 칸에서 출발하여 시계 방향으로 4칸씩 뛰어 가고 있습니다. 3000번 이동한 뒤 개구리가 있는 칸에 적힌 숫자는 무엇인지 구하고, 그 이유를 서술하시오.

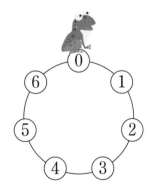

기출유형④ 식을 이용하기

대표문제

어미 고양이 13마리와 새끼 고양이 4마리의 무게의 합은 43 kg이고, 어미 고양이 4마리와 새끼 고양이 13마리의 무게의 합은 25 kg입니다. 어미 고양이와 새끼 고양이의 무게는 각각 얼마인지 구하고, 그 이유를 서술하시오.(단, 어미 고양이끼리, 새끼 고양이끼리의 무게는 각각 서로 같습니다.)

기출유형 연습

4-1 길이가 서로 다른 3개의 자 A, B, C가 있습니다. 두 자 A와 B의 길이를 더하면 23 cm이고, 두 자 B와 C의 길이를 더하면 30 cm이고, 두 자 A와 C의 길이를 더하면 27 cm라고 합니다. 이 3개의 자의 길이를 각각 구하고, 그 이유를 서술하시오.

4-2 단감 7개와 귤 4개의 가격은 10720원이고 단감 4개와 귤 7개의 가격은 10180원입니다. 10명에게 단감 1개와 귤 2개를 나누어 주려고 할 때, 필요한 총 금액은 얼마인지 구하고, 그 이유를 서술하시오.

4-3 호수 둘레로 원형의 산책로가 있고, 이 산책로의 길이는 500 m입니다. 아빠와 아들이 같은 곳에서 출발하여 같은 방향으로 산책로를 따라 걷습니다. 아들은 10분에 250 m의 속력으로 걷고, 아빠는 10분에 750 m의 속력으로 걷습니다. 아빠가 아들보다 한 바퀴를 더 돌아 아들을 만나게 되면 아빠는 방향을 바꾸어 반대 방향으로 걷습니다. 아빠와 아들이 두 번 만났을 때, 아들은 몇 m를 걸었는지 구하고, 그 이유를 서술하시오.

4-4 6잔의 오렌지 주스를 만드려면 4개의 오렌지가 필요합니다. 13잔의 오렌지 주스를 만드는 데 필요한 오렌지는 몇 개인지 구하고, 그 이유를 서술하시오.

기출유형 ⑤ 수 규칙

대표문제

다음은 일정한 규칙으로 수를 나열한 것입니다. □ 안에 알맞은 수를 써넣고, 규칙을 서술하시오.

$$1, 1, 2, 3, 4, 5, 8, 7, 16, 9, 32, \boxed{}, \boxed{}, 13, \cdots$$

기출유형 연습

5-1 다음은 일정한 규칙으로 수를 나열한 것입니다. □ 안에 알맞은 수를 써넣고, 규칙을 서술하시오.

$$1, 1, 4, 1, 9, 2, 16, 3, 25, 5, 36, \boxed{}, \boxed{}, 13 \cdots$$

핵심 개념 **다양한 수 규칙(수열)**

수열 : 일정한 규칙에 따라 한 줄로 수를 배열하는 것

① 마디수열 : 일정한 수들이 반복되는 수열 예 1, 2, 3, 1, 2, 3, 1, …

② 등차수열 : 어떤 수에 차례로 같은 수를 더하여 이루어진 수열, 즉 앞의 수에 같은 수를 더한 수를 나열한 수열 예 2, 4, 6, 8, 10, …

③ 등비수열 : 차례로 같은 수를 곱하여 이루어진 수열. 즉, 앞의 수에 같은 수를 곱한 수를 나열한 수열 예 1, 3, 9, 27, 81, …

④ 계차수열 : 차이가 일정한 규칙을 가지는 수열 예 1, 2, 5, 10, 17, …

⑤ 피보나치 수열 : 앞 두 수를 더해 뒤의 수가 되는 수열 예 1, 1, 2, 3, 5, 8, 13, …

⑥ 복합 수열 : 위의 수열 중 2개 이상이 반복적으로 나타나는 수열

⑦ 군수열 : 수들이 묶음으로 규칙을 가지는 수열 예 (1), (1, 2), (1, 2, 3), (1, 2, 3, 4), …

5-2 다음과 같은 규칙으로 수가 적혀 있습니다. (③, ❷)는 6을 나타낼 때, (⑨, ❾)를 구하고, 그 이유를 서술하시오.

	❶	❷	❸	❹	⋯
①	1	2	9	10	
②	4	3	8	11	
③	5	6	7	12	
④	16	15	14	13	
⋮					

5-3 다음과 같은 규칙으로 수가 적혀 있습니다. 위에서부터 11번째 줄의 가장 왼쪽에 적혀 있는 수를 구하고, 그 이유를 서술하시오.

```
              1
          2   3   4
       5  6   7   8   9
   10 11  12  13  14  15  16
              ⋮
```

5-4 다음과 같은 규칙으로 수가 적혀 있습니다. 첫 번째로 꺾이는 부분에 있는 수는 2, 두 번째로 꺾이는 부분에 있는 수는 3, 세 번째로 꺾이는 부분에 있는 수는 5, 네 번째로 꺾이는 부분에 있는 수는 7입니다. 15번째로 꺾이는 부분에 있는 수를 구하고, 그 이유를 서술하시오.

```
21  22  23  24  25  26
20   7   8   9  10  27
19   6   1   2  11  28
18   5   4   3  12  29
17  16  15  14  13  30
```

속력

예주 아버지는 일주일에 한 번씩 서울에서 부산까지 출장을 다녀오십니다. 오늘도 아침 일찍 부산에 가신 아버지는 평소보다 훨씬 늦게 집에 오셨습니다. 고속열차 (KTX)의 표를 구하지 못하신 아버지는 일반 기차를 타고 오시느라 평소보다 2시간 30분이나 더 걸리셨습니다. 아버지의 이야기를 듣고 예주는 속력을 어떻게 구하는지, 또 고속열차와 일반 기차의 속력 차이가 얼마나 되는지 궁금했습니다.

속력은 물체의 빠르기를 말합니다. 속력은 물체가 단위시간(1시간, 1분, 1초) 동안에 얼마나 이동하는지를 나타내는데, 속력이 크면 클수록 물체가 빨리 움직이는 것입니다.

속력은 물체가 이동한 거리를 걸린 시간으로 나누어 구합니다.

$$(속력)＝(이동한 거리)÷(걸린 시간)$$

생활 속에서 속력의 단위는 초속(m/sec), 분속(m/min), 시속(km/h) 등이 사용되는 데 초속 3 m의 의미는 1초 동안에 3 m를, 분속 15 m는 1분 동안에 15 m를 이동한다는 뜻입니다. 1시간에 80 km를 달린 자동차는 시속 80 km로 나타냅니다.

예를 들어 부산에서 서울까지 400 km를 가는 데 고속열차로 2시간이 걸렸다면 고속열차의 속력은 400÷2＝200 (km/h), 즉 1시간 동안 200 km를 달렸고, 시속 200 km가 됩니다.

1 위의 공식을 참고하여 다음 물음에 답하시오.

(1) 91 km의 거리를 이동하는 데 7시간이 걸렸습니다. 이때의 속력이 얼마인지 구하시오.

(2) 3시간에 21 km의 거리를 이동하는 물체가 있습니다. 이 물체가 189 km를 이동하는 데 걸리는 시간은 얼마인지 구하시오.

(3) 84 m의 거리를 분속 12 m로 이동하는 물체가 있습니다. 이 물체가 84 m를 가는 데 걸린 시간은 얼마인지 구하시오.

2 서울에서 부산까지의 거리는 약 400 km입니다. 서울에서 부산까지 가는 데 고속열차를 타면 약 2시간이 걸리고, 일반 기차를 타면 5시간이 걸린다고 합니다. 고속열차와 일반 기차의 속력의 차이를 구하고, 그 이유를 서술하시오.

3 지수는 운동을 하려고 집에서 나와 운동장으로 갔습니다. 지수의 오빠는 지수가 나간 뒤 10분 후에 자전거를 타고 지수를 따라 운동장으로 갔습니다. 지수는 1분에 40 m를 걸어 가고, 지수의 오빠는 1분에 120 m를 자전거를 타고 갑니다. 오빠는 집을 나선 뒤 몇 분 후에 지수를 만나는지 구하고, 그 이유를 서술하시오.

4 동생이 집에서 출발한 뒤 30분 후에 형이 집에서 출발하여 동생을 따라 갔습니다. 동생은 분속 60 m로, 형은 분속 105 m로 걸어갑니다. 동생이 출발한 시각이 오후 2시라고 할 때, 형과 동생이 만나는 시각을 구하고, 그 이유를 서술하시오.

기출유형 ⑥ 그림 그려 해결하기

대표문제

어떤 로봇이 A 지점에서 출발하여 앞으로 1 m를 이동한 후, 왼쪽으로 30° 회전하여 앞으로 1 m를 이동합니다. 또, 왼쪽으로 60° 회전하여 앞으로 1 m를 이동한 후, 왼쪽으로 90° 회전하여 앞으로 1 m를 이동합니다. 이와 같은 방법을 반복하여 이동할 때, 로봇이 다시 A 지점까지 돌아오는 시간을 구하시오.(단, 1 m를 가는 데 걸리는 시간은 1초이고, 왼쪽으로 회전하는 데 걸리는 시간은 무시합니다.)

A
•

기출유형 연습

6-1 초콜릿 1개를 2등분, 3등분, 4등분 할 수 있다고 할 때, 초콜릿 7개를 12명에게 똑같이 나누어 주려고 합니다. 1명이 먹을 수 있는 초콜릿의 양은 얼마인지 구하고, 그 이유를 서술하시오.

6-2   탐험가가 배를 타고 강의 상류까지 거슬러 올라가려고 합니다. 탐험가는 낮에 열심히 노를 저어 8 km를 거슬러 올라가지만 밤에는 잠을 자서 배가 다시 3 km를 내려온다고 합니다. 탐험가가 가려고 하는 목적지는 28 km 떨어진 곳에 있고, 4월 13일 아침에 출발했다면 목적지에 도착한 날짜를 아래 그래프를 완성하여 구하시오.

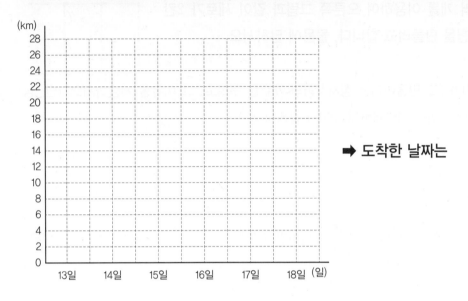

➡ 도착한 날짜는

6-3   지숙이네 밭의 넓이는 은우네 밭의 넓이의 $\dfrac{5}{3}$배입니다. 은우네 밭의 $\dfrac{1}{4}$에 상추를 심고, 나머지의 $\dfrac{2}{3}$에는 고추를 심었습니다. 지숙이네 밭의 넓이는 은우네 밭에서 아무것도 심지 않은 부분의 넓이의 몇 배인지 구하고, 그 이유를 서술하시오.

기출유형 ⑦ 모양 규칙

성냥개비 여러 개를 이용하여 오른쪽 그림과 같이 세로가 2칸 인 긴 직사각형을 만들려고 합니다. 물음에 답하시오.

(1) 성냥개비 100개로 만들어지는 정사각형의 개수를 구하고, 그 이유를 서술하시오. (단, 정사각형의 한 변의 길이는 성냥개비의 길이와 같습니다.)

(2) 정사각형의 개수가 151개가 되도록 만들려면 필요한 성냥개비의 개수를 구하고, 그 이유를 서술하시오. (단, 정사각형의 한 변의 길이는 성냥개비의 길이와 같습니다.)

기출유형 연습

7-1 성냥개비 179개를 이용하여 그림과 같이 삼각형을 한 줄로 만들 때, 만들 수 있는 삼각형의 최대 개수를 구하고, 그 이유를 서술하시오.

7-2 다음 규칙과 같이 크기가 같은 정사각형 종이를 늘어놓습니다. 정사각형 종이 300장으로는 몇 단계까지 만들 수 있는지 구하고, 그 이유를 서술하시오.(단, 앞 단계에서 사용한 종이는 그냥 놓아둡니다.)

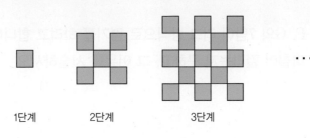

1단계   2단계   3단계

7-3 성냥개비를 이용하여 다음 그림과 같은 규칙으로 정삼각형을 만들고 있습니다. 위에서부터 12줄을 만드는 데 필요한 성냥개비의 개수를 구하고, 그 이유를 설명하시오.

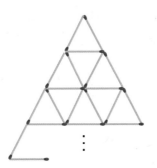

기출유형 ⑧ 리그와 토너먼트

대표문제

A, B, C, D, E, F, G의 7팀이 리그 방식으로 경기를 하려고 합니다. 하루에 한 경기씩만 한다고 할 때, 총 며칠이 걸리는지 구하고, 그 이유를 서술하시오.

기출유형 연습

8-1 전국체전에 100명의 탁구 선수들이 모였습니다. 개인전으로 6명이 남을 때까지는 한 번 지면 떨어지는 토너먼트 방식을 택하고, 남은 6명은 리그 방식으로 우승자를 가리기로 하였습니다. 준비위원회는 1위를 결정하기 위하여 몇 번의 시합을 준비해야 하는지 구하고, 그 이유를 서술하시오.

핵심 개념 **리그와 토너먼트**

① 리그 : 참가팀끼리 서로 한 번씩 모두 경기하여 최종 승패 수로 순위를 가리는 방식

② 토너먼트 : 지는 팀은 탈락하고 이긴 팀끼리 다시 싸워 우승팀을 가리는 방식

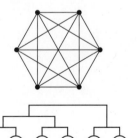

8-2 월드컵에서는 32팀을 한 조당 4팀씩 8조로 나누고, 각 조는 리그 방식으로 경기하여 이 중 상위 성적의 2팀이 16강에 진출합니다. 16팀은 토너먼트 방식으로 경기하여 우승팀을 가리게 되고, 3, 4위 결정전도 치르게 됩니다. 월드컵에서 치러지는 모든 경기 수를 구하고, 그 이유를 서술하시오.

8-3 영재네 학교 4학년 8개의 반이 축구 경기를 하여 각 반의 순위를 정하려고 합니다. 리그 방식과 토너먼트 방식으로 축구 경기를 한다면 각각 몇 번의 경기를 진행해야 할지 구하고, 그 이유를 서술하시오.(단, 토너먼트 방식의 경우 순위를 정하기 위해 진 팀끼리도 경기를 해서 모든 팀의 순위가 나와야 합니다.)

8-4 오른쪽 그림과 같이 원 위에 10개의 점이 있을 때 그릴 수 있는 선분은 모두 몇 개인지 구하고, 그 이유를 서술하시오.

8-5 오른쪽 그림과 같이 점 8개가 있을 때 그릴 수 있는 선분은 모두 몇 개인지 구하고, 그 이유를 서술하시오.

기출유형 ⑨ 창의적으로 생각하여 문제해결하기

대표문제

매일 2배씩 늘어나는 개구리 풀 하나를 가져와 연못에 놓았더니 17일 만에 연못이 가득 덮였습니다. 이 연못을 12일 만에 가득 덮이도록 하려면 몇 개의 개구리 풀을 넣으면 되는지 구하고, 그 이유를 서술하시오.

기출유형 연습

9-1 어떤 병에 1분에 2배씩 늘어나는 벌레를 1마리 넣었더니 60분 만에 이 병이 벌레로 가득 찼습니다. 이 병의 $\frac{1}{4}$ 이 차는 데 걸리는 시간을 구하고, 그 이유를 서술하시오.

9-2 어떤 학교의 4학년 모든 학생이 같은 간격으로 둥글게 앉아 있습니다. 7번째 앉은 학생의 맞은편에 80번째 학생이 앉아 있습니다. 4학년 학생은 모두 몇 명인지 구하고, 그 이유를 서술하시오.

9-3 길이가 169 m인 산책로의 양쪽에 13 m 간격으로 나무를 1그루씩 심고, 두 나무 사이에 해바라기를 4송이씩 심으려고 합니다. 필요한 나무와 해바라기의 수를 각각 구하고, 그 이유를 서술하시오.(산책로가 시작하는 곳과 끝나는 곳에 모두 나무를 심습니다.)

9-4 어떤 목수가 길이 2 m의 통나무를 40 cm 간격으로 잘랐더니 32분이 걸렸습니다. 이번에는 같은 길이의 통나무 2개를 50 cm 간격으로 자르는 데 너무 힘이 들어 한 번 자르고 나서 3분씩 쉬었습니다. 통나무 2개를 50 cm 간격으로 자르는 데 필요한 최소 시간을 구하시오.

9-5 석희네 반 학생은 30명입니다. 이 중 영어를 좋아하는 학생이 15명, 수학을 좋아하는 학생이 12명입니다. 수학을 좋아하는 학생의 $\frac{1}{4}$이 영어도 좋아한다고 할 때, 영어와 수학을 모두 좋아하지 않는 학생은 몇 명인지 구하고, 그 이유를 서술하시오.

대표문제

평행인 두 직선 위에 다음과 같이 10개의 점을 찍었습니다. 3개의 점을 꼭짓점으로 하는 삼각형을 모두 몇 개 그릴 수 있는지 구하고, 그 이유를 서술하시오.

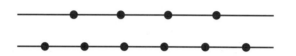

기출유형 연습

10-1 다음과 같은 규칙으로 분수가 나열되어 있습니다. $\dfrac{7}{12}$은 몇 번째 분수인지 구하고, 그 이유를 서술하시오.

$$\dfrac{1}{1}, \ \dfrac{1}{2}, \ \dfrac{2}{1}, \ \dfrac{1}{3}, \ \dfrac{2}{2}, \ \dfrac{3}{1}, \ \dfrac{1}{4}, \ \dfrac{2}{3}, \ \dfrac{3}{2}, \ \dfrac{4}{1}, \ \dfrac{1}{5}, \ \dfrac{2}{4}, \ \dfrac{3}{3}, \ \cdots$$

10-2 다음과 같이 자연수의 쌍이 나열되어 있습니다. 84번째 자연수의 쌍을 구하고, 그 이유를 서술하시오.

$$(1, 1), (1, 2), (2, 1), (1, 3), (2, 2), (3, 1), (1, 4), (2, 3), (3, 2), (4, 1), \cdots$$

10-3 다음과 같은 규칙으로 수가 적혀 있습니다. 10번째 줄 왼쪽에서 18번째 있는 수를 구하고, 그 이유를 서술하시오.

```
         1
      2     3     4
   5     6     7     8     9
10    11    12    13    14    15    16
17    18    19    20    21    22    23    24    25
                     ⋮
```

10-4 다음과 같이 일정한 규칙으로 수를 나열하였습니다. 처음으로 50이 나오는 것은 몇 번째인지 구하고, 그 이유를 서술하시오.

$$1, \ 2, \ 2, \ 4, \ 3, \ 6, \ 4, \ 8, \ 5, \ 10, \ 6, \ 12, \ \cdots$$

어림하기

1 다음 <보기>와 같이 정해진 범위의 수 안에서 질문을 하여 상대방이 생각하고 있는 수를 알아맞히는 게임을 하려고 합니다. 질문을 할 때 '이상', '이하', '초과', '미만' 중 하나를 반드시 말해야 하고, 상대방은 '예', '아니오'로만 대답할 수 있습니다. 물음에 답하시오.

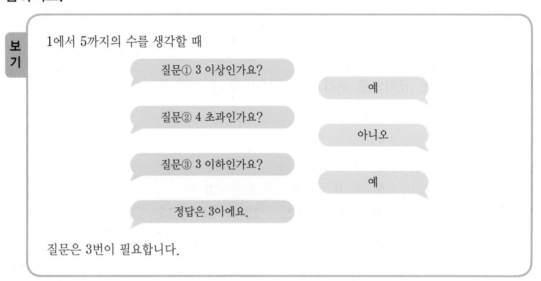

보기

1에서 5까지의 수를 생각할 때

질문① 3 이상인가요?   예

질문② 4 초과인가요?   아니오

질문③ 3 이하인가요?   예

정답은 3이에요.

질문은 3번이 필요합니다.

(1) 상대방이 1에서 4까지의 수 중에서 하나의 수를 생각할 때, 가장 운이 좋지 않은 경우 최소 한 몇 번의 질문을 해야 답을 알 수 있을지 횟수를 구하고, 그 이유를 서술하시오.

(2) 상대방이 1에서 8까지의 수 중에서 하나의 수를 생각할 때, 가장 운이 좋지 않은 경우 최소 한 몇 번의 질문을 해야 답을 알 수 있을지 횟수를 구하고, 그 이유를 서술하시오.

(3) 상대방이 1에서 16까지의 수들 중에서 하나의 수를 생각할 때, 가장 운이 좋지 않다면 최소한 몇 번의 질문을 해야 답을 알 수 있을지 횟수를 구하고, 그 이유를 서술하시오.

(4) 상대방이 1에서 30까지의 수들 중에서 하나의 수를 생각할 때, 가장 운이 좋지 않다면 최소한 몇 번의 질문을 해야 답을 알 수 있을지 횟수를 구하고, 그 이유를 서술하시오.

2 다음 그림과 같이 여러 가지 모양의 병에 콩이 가득 담겨 있습니다. 콩의 개수를 세지 않고, 어떤 병에 콩이 가장 많이 들어있는지 비교할 수 있는 방법을 4가지 이상 서술하시오.(단, 그릇의 두께는 모두 같습니다.)

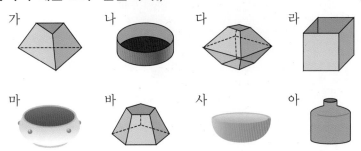

IV

논리와 확률통계

기출유형 ① 진리표 이용하기

대표문제

5층으로 되어 있는 아파트가 있습니다. 이 아파트의 각 층에서 1월부터 5월까지 한 달에 한 명씩 아이가 태어났다고 합니다. 아이들의 이름이 현진, 영주, 준우, 여진, 설희일 때, 아래 내용을 보고 태어난 달의 아이의 이름과 사는 층을 바르게 써넣으시오.

① 1층에 사는 아이는 설희보다 나중에 태어났고, 이 둘은 모두 영주보다 늦게 태어났습니다.
② 준우는 설희보다 먼저 태어났지만 가장 먼저 태어난 것은 아닙니다.
③ 5층, 2층, 4층에 사는 아이들은 순서대로 연이어서 태어났습니다.
④ 3층에 살고 있는 현진이와 3월에 태어난 설희는 한 층 차이입니다.
⑤ 4월에 태어난 여진이는 1층에 삽니다.

태어난 달	이름	층
1월		
2월		
3월		
4월		
5월		

기출유형 연습

1-1 기원이네 반에 새로 전학 온 친구들의 이름은 지숙, 은정, 보현, 혜진이고, 성은 박, 이, 정, 진 중에서 서로 다른 성을 가졌습니다. 또한, 아래 내용은 모두 거짓이라는 것을 알고 있습니다. 다음 진리표를 완성하고, 이씨 성을 가진 친구가 누구인지 이름을 쓰시오.

① 정씨 성을 가진 친구는 혜진입니다.
② 혜진이의 성은 진씨 또는 이씨입니다.
③ 진씨 성을 쓰는 친구는 보현 또는 지숙입니다.
④ 보현이의 성은 정씨 또는 진씨입니다.

성＼이름	지숙	은정	보현	혜진
박				
이				
정				
진				

1-2 주어진 내용을 읽고 진리표를 완성한 후, 각 학생의 성과 좋아하는 운동을 쓰시오.

> ① 경현, 현아, 기영이는 축구, 수영, 야구 중에서 서로 다른 운동을 1가지씩 좋아하고,
> 박, 임, 강 중에서 서로 다른 성을 가지고 있습니다.
> ② 경현이는 축구를 싫어하지만, 축구를 좋아하는 사람과 친합니다.
> ③ 박씨 성을 가진 친구와 임씨 성을 가진 친구는 경현이집에 놀러갔습니다.
> ④ 현아는 수영을 좋아하는 친구와 친하지 않지만 임씨 성을 가진 친구와는 친합니다.
> ⑤ 수영을 좋아하는 친구와 야구를 좋아하는 친구는 친하지 않습니다.

이름 / 운동		

이름 / 성		

☐ 경현 :   , ☐ 현아 :   , ☐ 기영 :

1-3 연우, 민지, 은빈이의 성은 김, 이, 권 중의 하나이며, 그들의 나이는 각각 11, 12, 13살 중의 하나입니다. 연우는 민지와 이씨 성을 가진 학생보다 어리고, 권씨 성을 가진 학생은 이씨 성을 가진 학생보다 더 나이가 많습니다. 각 학생의 이름과 성과 나이를 쓰고, 그 이유를 서술하시오.

☐ 연우 :   살, ☐ 민지 :   살, ☐ 은빈 :   살

기출유형② 암호

대표문제

다음의 암호와 예를 보고 물음에 답하시오.

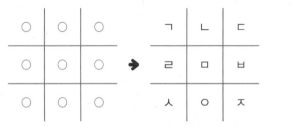 

예 꿩 :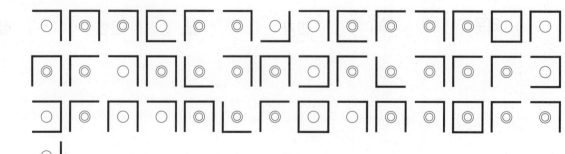

(1) 다음 속담을 암호문으로 만들어 보시오.

> 미꾸라지 한 마리가 물을 흐린다

(2) 다음 암호문을 해독하시오.

암호문 :

해독 :

2-1 다음 〈암호문 규칙〉과 〈보기〉를 보고 물음에 답하시오.

〈암호문 규칙〉

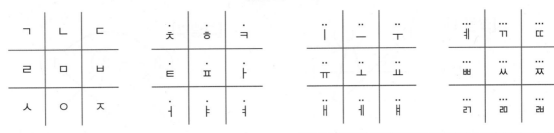

보기 | 암호문 : ⬜, 해독 : 백가지

(1) 다음 문장을 암호문으로 만들어 보시오.

> 자라 보고 놀란 가슴 솥뚜껑 보고 놀란다

(2) 다음 암호문을 해독하시오.

암호문 :

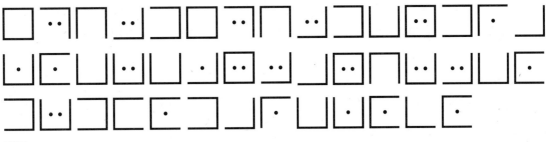

해독 :

대표문제

[그림 1]과 [그림 2]는 같은 모양의 그림입니다. [그림 1]의 A, B, C, D, E, F, G에 해당하는 [그림 2]의 숫자를 아래 표에 알맞게 써넣고, 그 이유를 서술하시오.

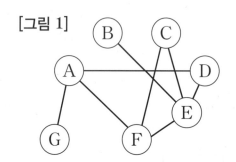

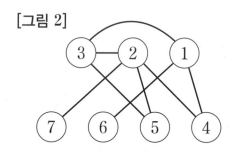

	A	B	C	D	E	F	G
알파벳에 해당되는 숫자							

기출유형 연습

3-1 영재네 마을에는 132집이 있습니다. 이 중 ㉮ 신문을 구독하는 집은 72집이고, ㉮ 신문과 ㉯ 신문 중 하나만 구독하는 집은 50집입니다. 두 신문을 모두 보지 않는 집은 48집입니다. ㉯ 신문을 구독하는 집은 몇 집인지 구하고, 그 이유를 서술하시오.

3-2 어떤 신문사에서 발행되는 신문지 100장의 두께는 약 1 cm라고 합니다. 이 신문사에서 하루에 신문을 12장씩 400,000부를 발행합니다. 이 신문사에서 발행한 신문의 두께에 대하여 다음과 같이 네 사람이 주고 받은 말 중에서 누구의 말이 사실에 가장 가까운지 쓰고, 그 이유를 서술하시오.(단, 아이들이 사는 아파트의 높이는 약 50 m입니다.)

> 진수 : 한 달 동안 발행한 신문을 모두 쌓으면 우리 아파트의 높이 정도 된다고 생각해.
> 현주 : 일주일 동안 발행한 신문만 모두 쌓아도 우리 아파트의 높이 정도 된다고 생각해.
> 혜영 : 하루에 발행한 신문만 모두 쌓아도 우리 아파트의 높이의 10배 정도 된다고 생각해.
> 수진 : 하루에 발행한 신문을 모두 쌓으면 우리 아파트의 높이 정도 된다고 생각해.

3-3 월드컵 예선에서 여섯 나라 A, B, C, D, E, F는 각각 다른 모든 나라와 한 번씩 경기를 하였습니다. 그 결과 A 나라는 3승 2패, B 나라는 1승 4패, C 나라와 D 나라는 모두 2승 3패였습니다. 나머지 두 나라 E, F의 가능한 결과를 모두 구하고, 그 이유를 서술하시오.(단, 무승부는 없습니다.)

대표문제

4명의 학생 민영, 서현, 현경, 인숙이가 4권의 서로 다른 분야의 책 A, B, C, D를 보고, 다음과 같이 책의 분야를 이야기하였습니다. 네 학생이 말한 분야 중 모두 한 분야만 맞고, 다른 한 분야는 틀렸다고 합니다. A, B, C, D는 각각 어떤 분야의 책인지 쓰고, 그 이유를 서술하시오.

┌───┐
│ ㉠ 민영 : A는 과학 분야의 책이고, D는 수학 분야의 책이야. │
│ ㉡ 현경 : B는 예술 분야의 책이고, C는 과학 분야의 책이야. │
│ ㉢ 인숙 : D는 역사 분야의 책이고, A는 예술 분야의 책이야. │
│ ㉣ 서현 : B는 역사 분야의 책이고, A는 수학 분야의 책이야. │
└───┘

기출유형 연습

4-1 한 탐험가가 밀림을 탐험하다가 두 갈래의 갈림길을 만났습니다. 갈림길에는 두 명의 원주민이 서 있었는데 한 명은 항상 진실만을 말하는 참말족 사람이고, 다른 한 명은 항상 거짓만 말하는 거짓말족 사람입니다. 누가 참말족인지 누가 거짓말족인지를 알지 못합니다. 탐험가는 참말족을 방문하고 싶습니다. 질문을 한 번만 하여 참말족으로 가는 길을 찾을 수 있는 질문을 쓰고, 그 이유를 서술하시오.

4-2 누군가 진희의 자전거를 망가뜨려서 현장에 있던 4명 중 범인을 찾으려고 합니다. 범인에 관해 4명이 다음과 같이 말했을 때, 이 중 오직 한 명만 진실을 이야기하고 있고, 범인은 한 명입니다. 진실을 말한 사람과 범인을 각각 쓰고, 그 이유를 서술하시오.

> ㉠ 기수 : 현주가 범인이에요.
> ㉡ 성훈 : 나는 범인이 아니에요.
> ㉢ 성태 : 기수가 범인이에요.
> ㉣ 현주 : 기수는 거짓말을 하고 있어요.

4-3 똑같이 생긴 세 쌍둥이 도둑 형제가 있었습니다. 이들은 언제나 함께 도둑질을 하곤 했습니다. 그러던 어느 날, 세 쌍둥이 도둑 형제는 자신들 중 한 명이 다른 형제들에겐 알리지 않고 혼자서 진주 목걸이를 훔친 것을 알게 되었습니다. 세 쌍둥이 도둑 형제가 각각 다음과 같이 말했습니다. 진실을 말한 사람과 혼자서 도둑질을 한 사람은 누구인지 각각 쓰고, 그 이유를 서술하시오.(단, 혼자서 도둑질을 한 사람은 반드시 거짓말을 합니다.)

> ㉠ 첫째 : 내가 진주 목걸이를 훔쳤다.
> ㉡ 둘째 : 형의 말은 거짓이다.
> ㉢ 셋째 : 둘째 형이 진주 목걸이를 훔쳤다.

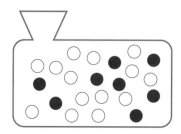

흰 공 14개와 검은 공 8개가 들어 있는 주머니가 있습니다. 이 주머니에서 동시에 두 개의 공을 꺼낼 때 같은 색깔의 공을 꺼내면 1000원을 상금으로 받을 수 있습니다. 물음에 답하시오.(단, 꺼낸 공은 다시 주머니에 넣지 않습니다.)

(1) 주머니에 공이 한 개도 남지 않을 때까지 게임을 할 때, 받을 수 있는 최대 상금을 구하고, 그 이유를 서술하시오.

(2) 주머니에 공이 한 개도 남지 않을 때까지 게임을 할 때, 받을 수 있는 최소 상금을 구하고, 그 이유를 서술하시오.

(3) 이 게임에서 7000원의 상금을 받았다면 동시에 흰 공 2개와 검은 공 2개는 각각 몇 번씩 꺼냈는지 구하고, 그 이유를 서술하시오.

5-1 다음 그림과 같은 지도를 빨강, 노랑, 파랑의 세 가지 색을 이용하여 칠하려고 합니다. 이때 서로 이웃한 나라끼리는 다른 색이 되도록 칠하는 방법은 모두 몇 가지인지 구하고, 그 이유를 서술하시오.(단, 모든 색을 다 사용할 필요는 없고, 각 영역에는 한 가지 색만 칠해야 합니다.)

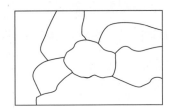

5-2 출발점에서 ★까지 가는 가장 짧은 길의 가짓수를 구하시오.

(1)

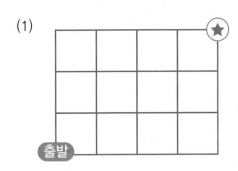

가지

(2)

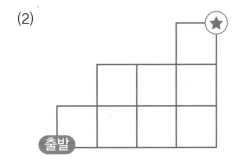

가지

(3)

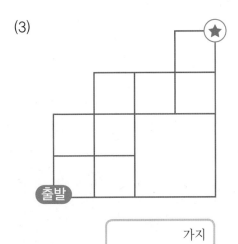

가지

(4)

가지

꺾은선그래프

현진이네 반 친구들이 좋아하는 운동별 학생 수라는 자료를 만들어 나타내고 비교할 때는 오른쪽 그림과 같은 막대그래프를 이용하는 것이 효과적입니다.

그러나 강수량이나 기온의 변화, 인구 수의 증감과 같은 변화량을 나타내야 할 때는 막대그래프로는 표현할 수 없으므로 꺾은선그래프를 이용하면 편리합니다. 즉, 꺾은선그래프는 시간의 변화에 따라 수량이 변화하는 모양과 정도를 쉽게 알 수 있습니다. 또, 조사하지 않은 중간값을 예상할 수도 있습니다. 예컨대 주별 줄넘기 기록의 변화를 나타낼 때는 오른쪽의 [꺾은선그래프 1]과 같은 꺾은선그래프가 더 효율적이라는 것을 알 수 있습니다.

이런 꺾은선그래프에서 큰 수를 나타낼 때나 [꺾은선그래프 2]와 같이 변화하는 모양을 더 뚜렷하게 알고 싶을 때에는 필요 없는 부분을 물결선으로 줄여서 그릴 수 있습니다. 예를 들어, 월별 경진이의 몸무게에서 38 kg 이하는 필요 없는 부분이므로 물결선으로 나타내었습니다. 물결선을 사용한 꺾은선그래프를 그릴 때 주의사항은 물결선이 꺾은선을 가로지르게 그릴 수 없습니다.

꺾은선그래프를 그리는 순서는 다음과 같습니다.

〈꺾은선그래프를 그리는 순서〉

❶ 가로와 세로 눈금에 나타낼 것을 정합니다.

❷ 가로, 세로 눈금 한 칸의 크기를 정합니다.

❸ 가로, 세로의 눈금이 만나는 자리에 점을 찍습니다.

❹ 점들을 선분으로 잇습니다.

❺ 그래프에 알맞은 제목을 붙입니다.

막대그래프

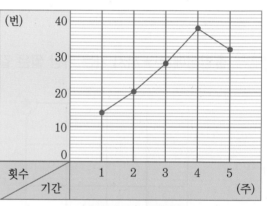

꺾은선그래프 1

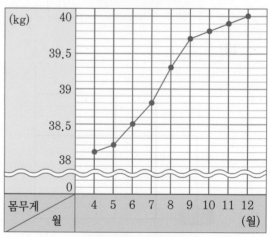

꺾은선그래프 2

1 다음은 태선이네 학교 복도의 시간별 온도의 변화를 나타낸 꺾은선그래프입니다. 물음에 답하시오.

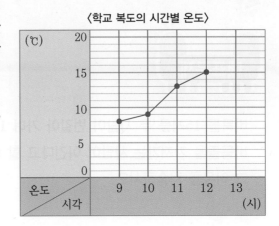

〈학교 복도의 시간별 온도〉

(1) 9시 30분의 온도는 약 몇 ℃인지 구하고, 그 이유를 서술하시오.

(2) 13시의 온도를 예상하고, 그 이유를 서술하시오.

2 다음 그래프는 오늘의 시간별 기온과 그때의 막대 그림자의 길이의 변화를 꺾은선그래프로 나타낸 것입니다. 그림자의 길이가 두 번째로 짧은 시각은 언제인지 구하시오. 또, 이때 그림자의 길이와 기온을 각각 구하고, 그 이유를 서술하시오.

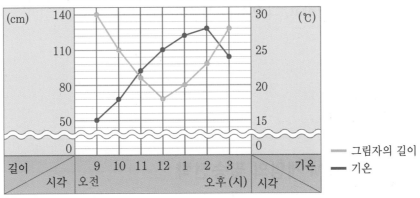

〈시간별 기온과 그때의 막대 그림자의 길이〉

―― 그림자의 길이
―― 기온

기출유형 ⑥ 필승전략

대표문제

바둑돌 15개를 두 사람이 번갈아 가며 1개에서 3개까지 가져가는 게임을 합니다. 마지막 바둑돌을 가져가는 사람이 이긴다고 할 때, 반드시 이기려면 어떻게 해야 하는지 구하고, 그 이유를 서술하시오.

기출유형 연습

6-1 바둑돌 15개를 두 사람이 번갈아 가며 1개에서 3개까지 가져가는 게임을 합니다. 마지막 바둑돌을 가져가는 사람이 진다고 할 때, 먼저 하는 사람이 반드시 이기려면 처음에 몇 개를 가져가야 하는지 구하고, 그 이유를 서술하시오.

핵심 개념 **NIM 게임의 필승전략**

❶ 상대방과 내가 가져간 수를 합쳐서 항상 만들 수 있는 수를 구합니다. 예를 들어, 1개에서 3개까지를 가져갈 수 있다면 상대방이 몇 개를 가져가더라도 항상 4개를 만들 수 있습니다.

❷ 전체 개수에서 항상 만들 수 있는 수를 계속 빼고 남은 개수를 먼저 가져가면 항상 이길 수 있습니다.

❸ 남은 개수가 없다면 나중에 해야 반드시 이길 수 있습니다.

❹ 마지막에 하는 사람이 지는 게임이라면 1개를 빼고, 위와 같이 생각합니다.

6-2 바둑돌 21개를 두 사람이 번갈아 가며 1개 또는 2개를 가져가는 게임을 합니다. 마지막 바둑돌을 가져가는 사람이 이긴다고 할 때, 반드시 이길 수 있는 방법이 있는 사람은 먼저 하는 사람과 나중에 하는 사람 중 누구인지 구하고, 그 이유를 서술하시오.

6-3 26개의 구슬을 두 사람이 번갈아 가며 1개에서 4개까지 가져가는 게임을 합니다. 마지막 구슬을 가져가는 사람이 진다고 할 때, 반드시 이길 수 있는 방법이 있는 사람은 먼저 하는 사람과 나중에 하는 사람 중 누구인지 구하고, 그 이유를 서술하시오.

6-4 2명의 친구가 다음 그림과 같은 게임판에서 게임을 합니다. 출발점에서 시작하여 한 번 움직일 때 오른쪽 또는 위쪽으로만 움직일 수 있고, 움직이는 칸의 수는 제한이 없습니다. 도착점에 먼저 도착하는 사람이 이긴다고 할 때, 이 게임에서 반드시 이길 수 있는 방법이 있는 사람은 먼저 하는 사람과 나중에 하는 사람 중 누구인지 쓰고, 그 이유를 서술하시오.

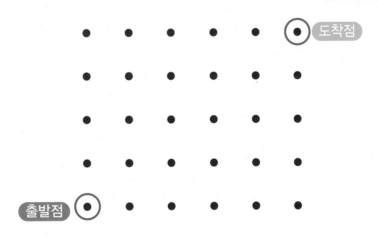

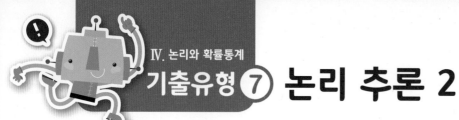

대표문제

탐험가 3명과 식인종 3명이 강을 건너려고 합니다. 강을 건너는 배는 2인용이고, 강을 건너기 전이나 건넌 후 식인종이 탐험가보다 많으면 탐험가를 잡아먹는다고 합니다. 탐험가, 식인종이 모두 무사히 강을 건너려면 배는 최소 몇 번 강을 건너야 하는지 다음 그림에 탐험가는 A, 식인종은 B로 표시하여 구하시오.(단, 빈 배로 강을 건널 수는 없습니다.)

AAA
BBB

[ ]번

기출유형 연습

7-1 한 마부가 서쪽 마을에 있는 네 마리의 말을 동쪽 마을로 옮기려고 합니다. 서쪽 마을과 동쪽 마을 사이를 가는데 적토마는 1시간, 갈색 말은 2시간, 검은 말은 4시간, 얼룩말은 5시간이 걸립니다. 마부는 한 번에 두 마리의 말을 옮기고, 돌아올 때는 동쪽 마을로 옮긴 말 중 한 마리를 타고 온다고 합니다. 서쪽 마을에 있는 네 마리의 말을 동쪽 마을로 옮기는 데 걸리는 최소 시간을 구하고, 그 이유를 서술하시오.(단, 느린 말은 빠른 말을 따라갈 수가 없으므로 두 마리의 말을 옮기는 데 걸리는 시간은 느린 말이 서쪽 마을과 동쪽 마을 사이를 가는 데 걸리는 시간과 같습니다.)

7-2 금화 □개 중 1개의 가벼운 가짜 금화가 들어 있습니다. 물음에 답하시오.

(1) □=9일 때, 양팔 저울을 사용하여 가벼운 가짜 금화가 어느 것인지 알아내려고 합니다. 양팔 저울의 사용 횟수를 최소로 하려고 할 때, 횟수를 구하고, 그 이유를 서술하시오.

(2) 양팔 저울을 네 번 사용하여 가짜 금화가 어느 것인지 알아내려고 합니다. □의 최댓값을 구하고, 그 이유를 서술하시오.

7-3 A, B, C, D, E, F의 6명의 선수가 리그 방식으로 테니스 시합을 하였습니다. F 선수가 우승을 하였고, A, B, C, E 선수의 전적이 다음과 같을 때, D 선수와 F 선수의 전적을 구하시오. 또한, 모든 선수의 경기 결과를 각각 구하고, 그 이유를 서술하시오.

A	B	C	D	E	F
3승 2패	1승 4패	2승 3패		5패	

대표문제

4321과 같이 4>3, 3>2, 2>1로 각 자리의 숫자가 앞자리의 숫자보다 작은 수가 있습니다. 7장의 숫자 카드 ⓪, ①, ②, ③, ④, ⑤, ⑥을 이용하여 이런 성질을 가진 네 자리 수를 모두 몇 개 만들 수 있는지 구하고, 그 이유를 서술하시오.

기출유형 연습

8-1 4장의 숫자 카드 ①, ③, ⑤, ⑦을 이용하여 만들 수 있는 모든 세 자리의 수들의 합을 구하고, 그 이유를 서술하시오.

8-2 오른쪽 표는 지원이네 학교 방과후 수업으로 개설된 과목의 시간표입니다. 물음에 답하시오.

	수학	과학	영어	국어
1교시		✕		
2교시				✕
3교시			✕	

(1) 서로 다른 3과목을 수강하려고 할 때, 가능한 경우는 모두 몇 가지가 있는지 구하고, 그 이유를 서술하시오.

(2) 서로 다른 2과목을 수강하려고 할 때, 가능한 경우는 모두 몇 가지가 있는지 구하고, 그 이유를 서술하시오.

8-3 다음 그림과 같이 12개의 정사각형으로 이루어진 직사각형 모양의 판이 있습니다. 이 판의 정사각형에 빨간색, 파란색, 노란색, 주황색을 각각 6칸, 3칸, 2칸, 1칸씩 칠하려고 합니다. 같은 색이 칠해지는 부분은 예처럼 직사각형을 이룰 때, 색을 칠하는 방법은 모두 몇 가지인지 구하고, 그 이유를 서술하시오.(단, 돌리거나 뒤집었을 때 같은 모양인 경우는 한 가지로 생각합니다.)

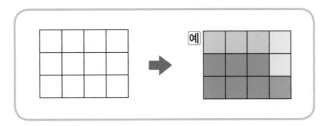

주어진 조건을 보고, 네 장의 카드 에 적힌 숫자들을 순서대로 쓰고, 그 이유를 서술하시오.

(1)

> ㉠ 2가 적힌 카드가 한 장 있습니다.
>
> ㉡ 카드에 적힌 숫자는 1부터 9까지의 숫자 중 하나입니다.
>
> ㉢ 네 장의 카드에 적힌 숫자들의 합은 13입니다.
>
> ㉣ 첫 번째 카드와 네 번째 카드에 적힌 숫자들의 합은 5입니다.
>
> ㉤ 첫 번째 카드와 두 번째 카드에 적힌 숫자들의 합은 6입니다.

(2)

> ㉠ 카드에 적힌 숫자들은 1보다 크고 13보다 작은 숫자들입니다.
>
> ㉡ 첫 번째 카드의 숫자는 두 번째 카드의 숫자의 2배입니다.
>
> ㉢ 세 번째 카드의 숫자는 두 번째 카드의 숫자의 4배입니다.
>
> ㉣ 네 번째 카드의 숫자는 세 번째 카드의 숫자보다 2가 작습니다.
>
> ㉤ 네 번째 카드의 숫자는 첫 번째 카드의 숫자보다 2가 큽니다.

기출유형 ⑩ 퍼즐 1(로봇이 가는 길)

정답 및 해설 93쪽

대표문제

오른쪽 예와 같이 화살표 안의 숫자만큼의 칸을 화살표의 머리 방향으로 이동하는 화살표가 있습니다. 예를 들어, 3이 적힌 화살표는 화살표의 머리 방향으로 3칸 이동합니다. 출발점을 자유롭게 설정하고 〈보기〉에 있는 10개의 화살표를 한 번씩 모두 사용하여 출발점으로 다시 돌아오는 길을 만드시오.(단, 연속해서 같은 방향으로 이동할 수 없고, 이미 지나간 길은 다시 지날 수 없습니다.)

예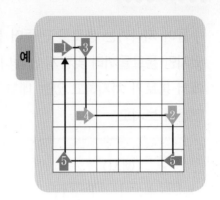

보기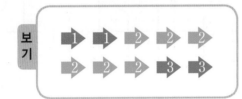

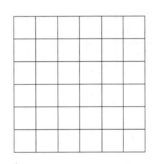

기출유형 연습

10 로봇이 길을 가다가 만나는 장애물 ★, ●, ▲, ◆, ◎, ◇는 →, ←, ↑, ↓, ↘, ↗, ↙, ↖ 중 하나의 방향으로 움직이게 합니다. 로봇은 장애물들 중 1개는 지나가지 않고, 새로운 장애물을 만날 때까지는 진행하던 방향으로 직진합니다. 각각의 장애물이 나타내는 방향을 찾아, 로봇이 가는 길을 그리시오.

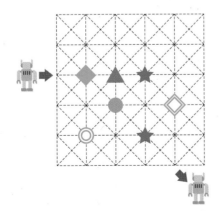

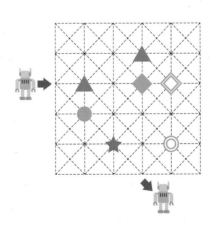

대표문제

수들이 지나가는 통로를 만들어 봅시다. 통로는 90° 회전만 할 수 있고, 통로는 연결되어 있지만 통로들끼리 맞닿지 않습니다. 퍼즐 상자 주위의 수들은 각각의 가로줄 또는 세로줄에서 통로가 차지하고 있는 네모 칸의 개수입니다. 이와 같은 조건을 만족하는 수 통로를 만들어 보시오.

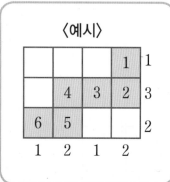

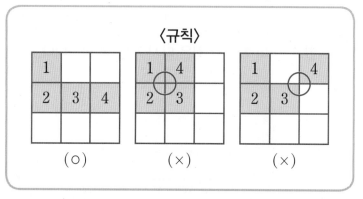

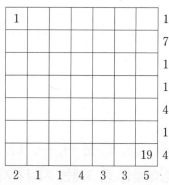

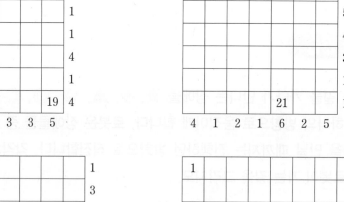

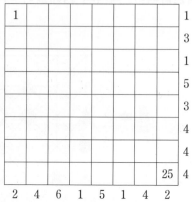

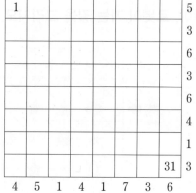

11-1 1에서 5까지의 숫자를 가로, 세로, 대각선에 각각 한 번씩만 놓이도록 다음 표의 빈칸에 알맞은 숫자를 써넣고, 그 이유를 서술하시오.

1	3	4	2	5

11-2 주어진 모양의 숫자 카드를 이용하여 가로, 세로, 대각선에 서로 다른 숫자, 서로 다른 모양이 각각 한 번씩만 놓이도록 다음 표에 알맞게 배치하고, 그 이유를 서술하시오.

□1	□2	□3	□4	□5
○1	○2	○3	○4	○5
△1	△2	△3	△4	△5
◇1	◇2	◇3	◇4	◇5
⬠1	⬠2	⬠3	⬠4	⬠5

□1	○2	△3	◇4	⬠5

나이팅게일의 그림그래프

백의의 천사, 간호학의 어머니라고 불리는 플로렌스 나이팅게일(Florence Nightingale)은 현대 간호학의 창시자이며, 군대의료 개혁의 선구자입니다. 영국의 간호사로 간호사의 직제를 확립하였고, 의료 보급의 집중적 관리와 병원에서 사용한 오수 처리 방법 등 의료 체계를 개선하였으며, 간호학이 학문으로 자리 잡게 하는 데 큰 공헌을 하였습니다.

나이팅게일은 영국이 크림전쟁(1853~1856)에 참전하자 38명의 수녀들과 함께 전쟁터로 달려가 야전병원에서 아군과 적군을 구별하지 않고 헌신적으로 간호하여 많은 생명을 구했습니다.

당시 야전병원의 실상은 매우 열악하였고 위생 상태가 엉망이었습니다. 사람들은 전쟁터에서 보다 비위생적인 병원에서 병이 악화되어 사망하는 경우가 많았습니다. 나이팅게일은 1854년 4월부터 1855년 3월까지 병사들의 사망 원인을 오른쪽과 같은 그림그래프로 나타내고, 사망 원인을 개선해 나갔습니다. 병원의 환경을 개선하고, 중환자실의 개념을 도입하였습니다. 결국 5개월 만에 병원에서의 사망률이 42%에서 2%로 줄어 많은 생명을 구할 수 있었습니다.

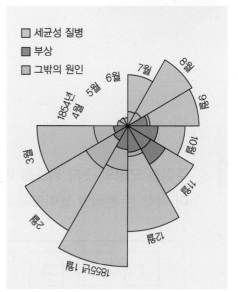

1 나이팅게일이 그린 그림그래프를 보고 어떻게 부상당한 병사들의 사망률을 줄일 수 있었는지 추론하시오.

2 다음의 이야기를 설명하기에 가장 좋은 꺾은선그래프를 2가지 고르고, 가로축과 세로축에 들어갈 내용을 근거로 그 이유를 서술하시오.

> "철수는 운동장에서 축구를 하면서 놀고 있었습니다. 갑자기 소변이 마려워서 운동장에서 학교 안 화장실로 급히 뛰어 갔습니다. 볼 일을 보고 난 후, 다시 돌아올 때는 몸도 마음도 편해져서 천천히 걸어서 왔습니다."

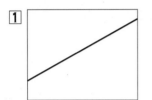
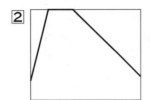
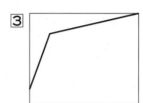
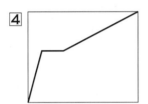
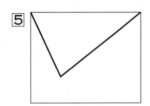
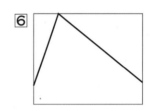
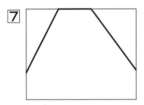
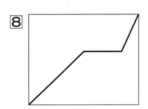
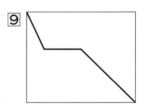

안쌤 영재교육원 가맹학원 모집

안쌤 영재교육연구소에서 개발한 교재를 사용하는 학원
가맹비 無! 지역권 無!

안쌤 영재교육연구소 교재 소개

1	영재교육원 대비	안쌤의 STEAM+창의사고력 과학 100제 (1~2학년, 3~4학년, 5~6학년, 중등)_4종
		안쌤의 STEAM+창의사고력 수학 100제 (1~2학년, 3~4학년, 5~6학년)[교사용]_3종
		영재성검사 창의적 문제해결력 모의고사 (3~4학년, 5~6학년, 중등)_3종
		SW 정보영재 영재성검사 창의적 문제해결력 모의고사 (3~4학년, 5~중등 1학년)_2종
2	새 교육과정에 따라 개정된 창의사고력 과학 교재	중등: 완벽 중학 과학 영역별 교재 (물리, 화학, 생명·지구)[교사용]_3종
3	영재학교 / 과학고 대비	영재과학고 과학 기출 예상문제+모의고사_1종
4	면접 대비	AI와 함께하는 영재교육원 면접 특강_1종

※모든 교재는 인터넷 서점에서 미리보기가 가능합니다.

 교육과정의 변화 및
영재교육원 정보제공(카페)
카페 **특별회원**으로 등급 조정

 강사분들을 위한
영재교육 과학 지도사 과정을
4만원 할인해 드립니다

안쌤 영재교육연구소 가맹학원 신청서				
학원명		주소		
신청자		전화번호		HP
회원규모		가입카페	다음/네이버	닉네임

가맹학원 혜택

가맹학원 신청내역 작성 후
anssam0817@naver.com
메일 발송

교재 주문과 기타 문의는
메일(anssam0819@naver.com)이나
카카오톡 안쌤 영재교육연구소로 해 주세요.

시대교육이 준비한
특별한 학생을 위한,
최상의 학습 시리즈

 A 안쌤의 STEAM+ 창의사고력
수학 100제, 과학 100제 시리즈

- 영재성검사 기출문제
- 창의사고력 실력다지기 100제
- 초등 1~6학년, 중등

 B 초등영재로 가는 지름길,
안쌤의 창의사고력 수학 실전편 시리즈

- 영역별 기출문제 및 연습문제
- 문제와 해설을 한눈에 볼 수 있는 정답 및 해설
- 초등 3~6학년

Coming Soon!

초등 코딩 수학 사고력 시리즈 <1, 2, 3, 4단계>

안쌤의 신박한 과학 상식 사전

안쌤이 만난 영재들의 학습법 <과학, 수학>

* 도서명과 이미지, 구성은 변경될 수 있습니다.

"초등영재로 가는 지름길"

안쌤의 창의사고력 수학 실전편

상위 1% 학생이 되는 길

박기훈 · 안쌤 영재교육연구소 편저

중급(초등 4~5학년)

정답 및 해설

🏠 안쌤 영재교육연구소 학습자료실
샘플 강의와 정오표 등 여러 가지
학습 자료를 확인하세요~!

시대교육(주)

이 책의 차례

"초등영재로 가는 지름길"

정답 및 해설

기출유형 ① 마방진(테두리방진)

다음 사각형에서 안쪽의 수와 사각형의 가로, 세로에 놓인 수는 일정한 규칙으로 이루어져 있습니다. 물음에 답하시오.

3	2	4	10
9	**19**		8
7	5	6	1

2	3	6	9
8	**20**		7
10	5	1	4

(1) 사각형 안쪽의 수와 사각형의 가로, 세로에 놓인 수는 어떤 규칙인지 서술하시오.

　　사각형의 가로, 세로에 놓인 수의 각각의 합은 사각형 안쪽의 수가 됩니다.

(2) (1)과 같은 규칙을 갖도록 1에서 10까지의 수를 빈칸에 각각 한 번씩 써넣으시오.

1	4	5	9
10	**19**		7
8	6	2	3

9	3	6	2
7	**20**		8
4	1	5	10

마방진

약 4000년 전, 중국의 황하라는 강에서 등에 신기한 무늬를 가진 큰 거북이가 한 마리 나타났습니다. 사람들은 이 무늬를 여러 가지 방법으로 연구한 끝에 수로 나타내게 되었습니다. 수로 나타내어 보니 오른쪽 표와 같이 가로, 세로, 대각선 수들의 합이 모두 15가 되는 것을 발견하였습니다. 이와 같이 한 줄의 합이 항상 같게 되는 수 배열표를 '마방진'이라고 부릅니다. 마방진 중에서도 대표문제와 같이 테두리의 수들의 합이 같은 마방진을 '테두리방진'이라고 합니다.

4	9	2
3	5	7
8	1	6

1-1 테두리방진을 해결하는 원리를 알아보려고 합니다. 물음에 답하시오.(단, 테두리에는 1에서 10까지의 수를 각각 한 번씩 써넣어야 합니다.)

왼쪽 그림:

㉠	㉡	㉢	8
㉣	18		㉤
6	㉥	㉦	1

오른쪽 그림:

2	3	5	8
10	18		9
6	4	7	1

(1) 1에서 10까지의 합은 55이고, 위의 빨간 동그라미 안의 수들의 합은 각각 18입니다. 이를 이용하여 ㉠에 들어갈 수를 구하고, 그 이유를 서술하시오.

4개의 빨간 동그라미 안의 수들의 합은 $18 \times 4 = 72$입니다.

㉠, 8, 6, 1은 2번씩 들어가고, 나머지는 1번씩 들어가므로 72에서 1에서 10까지의 합인 55를 빼면 ㉠, 8, 6, 1의 합이 나옵니다. 즉, ㉠$+8+6+1=72-55=17$입니다.

따라서 ㉠$+8+6+1=17$이므로 ㉠$=2$입니다.

(2) ㉠을 구하면 ㉣을 구할 수 있고, 테두리방진을 완성할 수 있습니다. 위의 오른쪽 테두리방진을 완성해 보시오.

1-2 사각형의 가로, 세로에 놓인 수들의 합이 각각 사각형 안쪽의 수가 되도록 1에서 12까지의 수를 빈칸에 각각 한 번씩 써넣어 테두리방진을 완성해 보시오.

예시답안

(1)

1	6	12	4
5	23		8
10			9
7	3	11	2

(2)

1	2	11	10
7	24		5
12			6
4	8	9	3

기출유형 ② 목표수 만들기

대표문제

다음의 수식에서 몇 개의 칸을 지워 올바른 식으로 만들려고 합니다. 물음에 답하시오.

| 5 | × | 8 | + | 8 | 9 | = | 2 | 6 | − | 4 | + | 2 | 7 | 2 |

(1) 2개의 칸을 지워 올바른 식으로 만들어 보시오.

두 번째 8과 마지막 2를 지웁니다. $5 \times 8 + 9 = 26 - 4 + 27 (= 49)$

(2) 3개의 칸을 지워 올바른 식으로 만들어 보시오.

×, 첫 번째 8, 두 번째 2를 지웁니다. $5 + 89 = 26 - 4 + 72 (= 94)$

(3) 4개의 칸을 지워 올바른 식으로 만들어 보시오.

9, −, 4, 7을 지웁니다. $5 \times 8 + 8 = 26 + 22 (= 48)$

기출유형 연습

2-1 다음 숫자들 사이에 + 또는 −를 써넣어 올바른 식으로 만들려고 합니다. 물음에 답하시오.(단, 숫자들 사이에 기호를 넣지 않고 두 자리 수나 세 자리 수로 만들 수도 있습니다.)

$$9 \quad 8 \quad 7 \quad 6 \quad 5 \quad 4 \quad 3 \quad 2 \quad 1 = 100$$

(1) 숫자 9와 8로 두 자리 수 98을 만들고, 나머지 숫자들 사이에 + 또는 −를 넣어 100이 되는 등식은 몇 가지인지 구하고, 그 이유를 서술하시오.

숫자 9와 8 외의 나머지 숫자들을 이용하여 +2를 만들면 100이 됩니다.
나머지 숫자들을 모두 합하면 28이므로 +15, −13으로 만들어 줍니다.
7을 이용하면 $7 + 6 + 2 = 7 + 5 + 3 = 7 + 5 + 2 + 1 = 7 + 4 + 3 + 1 = 15$이고, 6을 이용하면
$6 + 5 + 4 = 6 + 5 + 3 + 1 = 6 + 4 + 3 + 2 = 15$, 5를 이용하면 $5 + 4 + 3 + 2 + 1 = 15$입니다.
나머지 숫자들의 앞에 −를 써넣어 붙이면 됩니다.
따라서 100이 되는 등식은 모두 8가지입니다.

(2) 3개의 두 자리 수를 만들고, 나머지 숫자들 사이에 + 또는 −를 써넣어 100을 만드시오.

예시답안 $9 - 8 + 76 + 54 - 32 + 1 = 100$

2-2 840을 서로 다른 한 자리 자연수 5개의 곱으로 나타낼 수 있는 모든 경우를 구하고, 그 이유를 서술하시오.(단, 2×3, 3×2와 같이 순서만 바뀐 경우는 같은 것으로 봅니다.)

① 840을 가능한 작은 자연수의 곱으로 나타내어 봅니다.

$840 = 2 \times 420 = 2 \times 2 \times 210 = 2 \times 2 \times 2 \times 105 = 2 \times 2 \times 2 \times 3 \times 35 = 2 \times 2 \times 2 \times 3 \times 5 \times 7$
$= 1 \times 2 \times 2 \times 2 \times 3 \times 5 \times 7$

② 840을 가장 작은 자연수의 곱으로 나타내면 7개의 자연수의 곱이 되므로 이 수들을 짝지어 서로 다른 5개의 자연수의 곱으로 만드는 경우를 생각합니다.

③ 숫자 2가 3개, 숫자 3이 1개 있고, 이것들의 곱으로 만들 수 있는 한 자리 자연수는 4, 6, 8입니다.

④ 서로 다른 한 자리 자연수 5개의 곱에 1이 포함되지 않는 경우는 $2 \times 3 \times 4 \times 5 \times 7$의 1가지입니다.

⑤ 서로 다른 한 자리 자연수 5개의 곱에 1이 포함되는 경우는

$1 \times 4 \times 5 \times 6 \times 7$, $1 \times 3 \times 5 \times 7 \times 8$의 2가지입니다.

따라서 840을 서로 다른 한 자리 자연수 5개의 곱으로 나타낼 수 있는 경우는 모두 3가지입니다.

2-3 2520을 서로 다른 한 자리 자연수 5개의 곱을 나타낼 수 있는 모든 경우를 구하고, 그 이유를 서술하시오.(단, 2×3, 3×2와 같이 순서만 다른 경우는 같은 것으로 봅니다.)

① 2520을 가능한 작은 자연수의 곱으로 나타내어 봅니다.

$2520 = 2 \times 1260 = 2 \times 2 \times 630 = 2 \times 2 \times 2 \times 315 = 2 \times 2 \times 2 \times 3 \times 105 = 2 \times 2 \times 2 \times 3 \times 3 \times 35$
$= 2 \times 2 \times 2 \times 3 \times 3 \times 5 \times 7 = 1 \times 2 \times 2 \times 2 \times 3 \times 3 \times 5 \times 7$

② 2520을 가장 작은 자연수의 곱으로 나타내면 8개의 자연수의 곱이 되므로 이 수들을 짝지어 서로 다른 5개의 자연수로 곱을 만드는 경우를 생각합니다.

③ 숫자 2가 3개, 숫자 3이 2개 있고, 이것들의 곱으로 만들 수 있는 한 자리 자연수는 4, 6, 8, 9입니다.

④ 서로 다른 한 자리 자연수 5개의 곱에 1이 포함되지 않는 경우는 $2 \times 4 \times 5 \times 7 \times 9$,

$3 \times 4 \times 5 \times 6 \times 7$의 2가지입니다.

⑤ 서로 다른 한 자리 자연수 5개의 곱에 1이 포함되는 경우는 $1 \times 5 \times 7 \times 8 \times 9$의 1가지입니다.

따라서 2520을 서로 다른 한 자리 자연수 5개의 곱으로 나타낼 수 있는 경우는 모두 3가지입니다.

기출유형 ③ 크기가 같은 분수

대표문제

다양한 블록을 가지고 놀던 우주는 이 블록들을 분수로 표현할 수 있는지 궁금해졌습니다. 물음에 답하시오.

(1) 가장 큰 블록을 1이라고 할 때, 다른 블록들의 크기를 분모가 8인 분수로 나타내어 보시오.(단, 블록의 크기는 블록 안의 원의 개수에 비례합니다.)

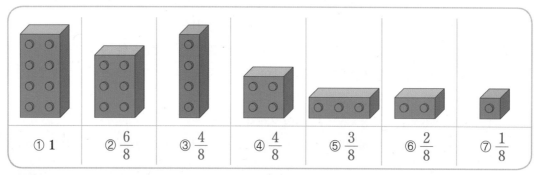

① 1 　② $\frac{6}{8}$ 　③ $\frac{4}{8}$ 　④ $\frac{4}{8}$ 　⑤ $\frac{3}{8}$ 　⑥ $\frac{2}{8}$ 　⑦ $\frac{1}{8}$

해 설 크기가 같은 분수를 알고, 이를 이용할 수 있어야 합니다.

② $\frac{6}{8} = \frac{3}{4}$, ③ · ④ $\frac{4}{8} = \frac{2}{4} = \frac{1}{2}$, ⑥ $\frac{2}{8} = \frac{1}{4}$

(2) 블록을 표현한 분수를 이용하여 주어진 수를 분수의 덧셈식으로 만들고, 사용된 블록을 번호로 나타내어 보시오.(단, 각 블록은 한 덧셈식에 한 번씩만 사용할 수 있습니다.)

수	분수의 덧셈식	사용된 블록 번호
$\frac{7}{8}$	$\frac{6}{8} + \frac{1}{8}$, $\frac{4}{8} + \frac{3}{8}$, $\frac{4}{8} + \frac{2}{8} + \frac{1}{8}$	②+⑦, ③+⑤, ④+⑤, ③+⑥+⑦, ④+⑥+⑦
$1\frac{5}{8}$	$1 + \frac{4}{8} + \frac{1}{8}$, $1 + \frac{3}{8} + \frac{2}{8}$, $1\frac{5}{8} = \frac{13}{8} = \frac{6}{8} + \frac{4}{8} + \frac{2}{8} + \frac{1}{8}$	①+③+⑦, ①+④+⑦, ①+⑤+⑥, ②+③+⑥+⑦, ②+④+⑥+⑦
$\frac{5}{4}$	$\frac{5}{4} = \frac{10}{8} = \frac{6}{8} + \frac{4}{8}$, $\frac{6}{8} + \frac{3}{8} + \frac{1}{8}$, $\frac{10}{8} = 1\frac{2}{8} = 1 + \frac{2}{8}$,	②+④, ②+③, ②+④, ②+⑤+⑦, ①+⑥

이외에도 다양한 분수의 덧셈식으로 만들 수 있습니다.

3 $\frac{1}{2}$, $\frac{1}{3}$, $\frac{1}{4}$, …과 같이 분자가 1인 분수를 단위분수라고 합니다. 물음에 답하시오.(단, 블록의 크기는 블록 안의 원의 개수에 비례합니다.)

(1) 가장 큰 블록을 1이라고 할 때, 다른 블록들의 크기를 단위분수로 나타내어 보시오.

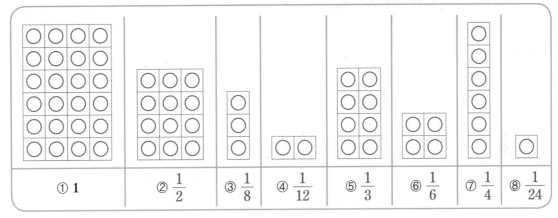

② $\frac{12}{24} = \frac{1}{2}$, ③ $\frac{3}{24} = \frac{1}{8}$, ④ $\frac{2}{24} = \frac{1}{12}$, ⑤ $\frac{8}{24} = \frac{1}{3}$, ⑥ $\frac{4}{24} = \frac{1}{6}$, ⑦ $\frac{6}{24} = \frac{1}{4}$, ⑧ $\frac{1}{24}$

(2) 블록을 표현한 분수를 이용하여 주어진 분수를 분수의 덧셈식으로 만들고, 사용된 블록을 번호로 나타내어 보시오.(단, 각 블록은 한 덧셈식에 한 번씩만 사용할 수 있습니다.)

수	분수의 덧셈식	사용된 블록 번호
$\frac{3}{4}$	$\frac{18}{24} = \frac{12}{24} + \frac{6}{24} = \frac{1}{2} + \frac{1}{4}$, $\frac{8}{24} + \frac{6}{24} + \frac{4}{24} = \frac{1}{3} + \frac{1}{4} + \frac{1}{6}$	②+⑦, ⑤+⑦+⑥
$\frac{33}{24}$	$1 + \frac{9}{24} = 1 + \frac{8}{24} + \frac{1}{24} = 1 + \frac{1}{3} + \frac{1}{24}$ $1 + \frac{6}{24} + \frac{3}{24} = 1 + \frac{1}{4} + \frac{1}{8}$	①+⑤+⑧, ①+⑦+③
$\frac{9}{8}$	$1\frac{1}{8} = 1 + \frac{1}{8}$, $1 + \frac{2}{24} + \frac{1}{24} = 1 + \frac{1}{12} + \frac{1}{24}$	①+③, ①+④+⑧
$\frac{17}{12}$	$1\frac{5}{12} = 1 + \frac{10}{24} = 1 + \frac{8}{24} + \frac{2}{24} = 1 + \frac{1}{3} + \frac{1}{12}$	①+⑤+④
$\frac{11}{6}$	$1\frac{20}{24} = 1 + \frac{12}{24} + \frac{6}{24} + \frac{2}{24} = 1 + \frac{1}{2} + \frac{1}{4} + \frac{1}{12}$	①+②+⑦+④

이외에도 다양한 분수의 덧셈식으로 만들 수 있습니다.

대표문제

연우의 아버지는 오랫동안 열지 않았던 금고의 비밀번호를 잊어버렸습니다. 연우는 비밀번호를 찾기 위해 금고의 보안장치에 특수한 물질을 묻혔더니 다음 그림과 같은 지문자국이 나타났습니다. 비밀번호가 네 자리 수라고 할 때, 가능한 비밀번호는 모두 몇 가지인지 구하고, 그 방법을 서술하시오.

1	2	3
4	5	6
7	8	9
*	0	#

비밀번호

① 3을 1번, 7을 3번 사용한 경우 : 3777, 7377, 7737, 7773의 4가지
② 3을 2번, 7을 2번 사용한 경우 : 3377, 3737, 3773, 7733, 7373, 7337의 6가지
③ 3을 3번, 7을 1번 사용한 경우 : 3337, 3373, 3733, 7333의 4가지
따라서 가능한 비밀번호는 모두 $4+6+4=14$ (가지)입니다.

방법

기준을 정해 모든 경우를 찾을 수 있어야 합니다.
① 3과 7만 사용되었으므로 적어도 한 번은 3과 7이 사용되어야 합니다.
② 3과 7이 사용된 횟수를 기준으로 정해 일어날 수 있는 모든 경우를 나눕니다. 즉, 3을 1번, 7을 3번 사용한 경우, 3을 2번, 7을 2번 사용한 경우, 3을 3번, 7을 1번 사용한 경우로 나눕니다.
③ ②의 3가지 경우에서 일어나는 모든 경우의 수를 구합니다.

4 연우는 3과 7이 사용된 것을 알았지만, 다른 번호는 지문의 흔적이 약해서 사용된 것인지 사용되지 않은 것인지 알 수 없었습니다. 물음에 답하시오.(단, 비밀번호는 0에서 9까지의 숫자로만 되어있습니다.)

(1) 3과 7이 한 번씩만 사용되었다면 가능한 비밀번호는 모두 몇 가지인지 구하고, 그 방법을 서술하시오.

비밀번호	37□□꼴인 경우 : $8 \times 8 = 64$ (가지), 3□7□꼴인 경우 : $8 \times 8 = 64$ (가지), 3□□7꼴인 경우 : $8 \times 8 = 64$ (가지), □37□꼴인 경우 : $8 \times 8 = 64$ (가지), □3□7꼴인 경우 : $8 \times 8 = 64$ (가지), □□37꼴인 경우 : $8 \times 8 = 64$ (가지) 이때 3과 7의 자리가 바뀔 수 있으므로 $64 \times 6 \times 2 = 768$ (가지)입니다.
방법	① 3과 7을 순서대로 사용하고, 남은 2칸의 위치를 □로 나타냅니다. ② 3과 7이 사용된 횟수는 정해져 있으므로 □에는 3과 7을 제외한 8개의 숫자가 들어갈 수 있고, 사용된 횟수는 정해져 있지 않습니다. 따라서 □가 2개이므로 각각의 경우는 $8 \times 8 = 64$ (가지)가 됩니다. ③ 6가지의 경우로 나눌 수 있으므로 ②에서 구한 경우의 6배가 됩니다. ④ 3과 7의 자리가 바뀔 수 있으므로 ③에서 구한 경우의 2배가 됩니다.

(2) 3과 7이 두 번, 한 번 사용되었다면 가능한 비밀번호는 모두 몇 가지인지 구하고, 그 방법을 서술하시오.

비밀번호	3이 두 번, 7이 한 번 사용되었다면 다음과 같은 경우로 나눌 수 있습니다. 337□꼴인 경우 : 8가지, 373□꼴인 경우 : 8가지, 733□꼴인 경우 : 8가지 □가 들어갈 수 있는 자리는 모두 4곳입니다. 3과 7의 자리가 바뀔 수 있으므로 $8 \times 3 \times 4 \times 2 = 192$ (가지)입니다.
방법	① 3이 두 번, 7이 한 번 사용되었을 때 만들 수 있는 세 자리 수를 모두 구합니다. ② 남은 1칸의 위치를 □로 나타내면 3과 7을 제외한 8개의 숫자가 들어갈 수 있습니다. ③ □가 들어갈 수 있는 위치가 4곳이므로 ②에서 구한 경우의 4배가 됩니다. ④ 3이 한 번, 7이 두 번 사용되었을 경우, 즉 3과 7의 자리가 바뀔 수 있으므로 ③에서 구한 경우의 2배가 됩니다.

(3) 3과 7이 사용된 것을 알았지만 다른 번호는 지문의 흔적이 약해서 사용된 것인지 사용되지 않은 것인지 알 수 없다고 할 때 가능한 비밀번호가 모두 몇 가지인지 구하시오.

대표문제와 (1), (2)에 의해서 가능한 비밀번호는 모두 $14 + 768 + 192 = \boxed{974}$ 가지

기출유형 ⑤ 연산 규칙 찾기

대표문제

다음 표는 연산 기호 ◆, ☆, ▣를 일정한 규칙에 따라 계산한 결과입니다. 물음에 답하시오.

ㄱ ◆ ㄴ	ㄷ ☆ ㄹ	ㅁ ▣ ㅂ
3 ◆ 6=15	6 ☆ 3=39	3 ▣ 5=34
8 ◆ 5=32	7 ☆ 5=212	7 ▣ 8=113
10 ◆ 4=30	4 ☆ 1=35	2 ▣ 6=40
7 ◆ 8= ①	8 ☆ 2= ②	4 ▣ 9= ③

(1) ①에 들어갈 알맞은 수를 쓰고, 연산 기호 ◆의 계산 방법을 서술하시오.

수	덧셈식
49	계산 방법 : 두 수를 곱한 후, 앞의 수를 뺍니다. $3 ◆ 6=3×6-3=15$, $8 ◆ 5=8×5-8=32$, $10 ◆ 4=10×4-10=30$, $7 ◆ 8=7×8-7=49$

(2) ②에 들어갈 알맞은 수를 쓰고, 연산 기호 ☆의 계산 방법을 서술하시오.

수	덧셈식
610	계산 방법 : 두 수의 차와 두 수의 합을 붙여서 씁니다. $6 ☆ 3=6-3,6+3=39$, $7 ☆ 5=7-5,7+5=212$, $4 ☆ 1=4-1,4+1=35$, $8 ☆ 2=8-2,8+2=610$

(3) ③에 들어갈 알맞은 수를 쓰고, 연산 기호 ▣의 계산 방법을 서술하시오.

수	덧셈식
97	계산 방법 : 각각의 수를 두 번 곱한 후 더합니다. $3 ▣ 5=3×3+5×5=34$, $7 ▣ 8=7×7+8×8=113$, $2 ▣ 6=2×2+6×6=40$, $4 ▣ 9=4×4+9×9=97$

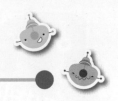

문제 속 수학이야기 포포즈

포포즈(Four Fours)는 이름에서도 알 수 있듯이 네 개의 숫자 4와 그 사이에 연산기호 ＋, －, ×, ÷를 사용하여 목표하는 자연수를 만드는 것입니다. 예를 들면 $4-4+4-4=0$, $44÷44=1$, $4÷4+4÷4=2$, … 등 입니다. 이런 포포즈는 1802년 영국의 라우즈 볼(Walter William Rouse Ball)이라는 수학자가 「레크레이션 수학 에세이」라는 책에 1에서 112까지의 수를 만드는 방법을 소개하면서 시작되었습니다. 이후에 호기심 많은 사람들이 0에서 1000까지의 수를 네 개의 숫자 4와 수학기호를 이용하여 해결하는 것이 소개되었습니다.

라우즈 볼이 제시한 포포즈는 숫자 4를 네 번만 써야 하고, 괄호, 연산기호 ＋, －, ×, ÷, 44, 444, 4의 거듭제곱, 팩토리얼(!), 루트, … 등 가능한 모든 수학기호를 사용하여 목표한 수를 만드는 것으로 일종의 수학 퍼즐입니다.

 기출유형 변형 – 포포즈

5 숫자 3 사이에 ＋, －, ×, ÷와 괄호를 적절히 넣어 THREE FOURS 문제를 해결하려고 합니다. 물음에 답하시오.

(1) 두 개의 숫자 3으로 만들 수 있는 수를 모두 구하시오.
   $3+3=6$, $3-3=0$, $3×3=9$, $3÷3=1$, 33의 5가지입니다.

(2) (1)에서 구한 수를 두 번 사용하면 3을 네 번 사용한 것과 같습니다. ＋, －, ×, ÷와 (1)에서 구한 수를 두 번 사용하여 왼쪽 표를 완성하고, 오른쪽 표의 THREE FOURS에 적용해 보시오.

$1×1=1$	$6+1=7$	$3÷3×3÷3=1$	$3+3+3÷3=7$
$1+1=2$	$9-1=8$	$3÷3+3÷3=2$	$3×3-3÷3=8$
$9-6=3$	$9+0=9$	$3×3-3-3=3$	$3×3+3-3=9$
$6-1=5$	$9+1=10$	$3+3-3÷3=5$	$3×3+3÷3=10$
$6+0=6$		$3+3+3-3=6$	

(3) 네 개의 숫자 3과 ＋, －, ×, ÷, 괄호를 사용하여 (2)의 오른쪽 표에서 빠진 4를 만드는 식을 쓰시오.
   $(3×3+3)÷3=4$

대칭수(거울수, 팔린드롬수)

팔린드롬은 이탈리아어 뒤로 돌아가기란 뜻의 "palin drom"이란 단어에서 왔습니다. 이것은 언어유희의 일종으로 17세기에 영국의 극작가 벤자민 존슨(Benjamin Jonson)이 고안한 개념이라고 합니다. 앞으로 읽으나 뒤로 읽으나 똑같은 단어나 문장으로, '스위스', '아시아', '다시다', '별똥별', '실험실', '토마토', 'MOM', 'DAD' 등과 같은 단어와 '소주 만병만 주소', '다 좋은 것은 좋다', '다시 합창합시다' 등과 같은 문장도 있습니다. 중국에서는 '회문(回文)'이라는 개념으로 역사가 깊으며, 회문시는 고전문학의 한 장르로 인정되고 있을 정도입니다. 한국, 중국뿐만 아니라 일본, 독일 등에서도 팔린드롬은 발견됩니다. 또, 어떤 사람들은 아래와 같은 문자마방진도 팔린드롬의 한 종류로 생각합니다.

벤자민 존슨
(Benjamin Jonson)

강	원	도
원	주	시
도	시	락

개	똥	아
똥	쌌	니
아	니	오

형	돈	아
돈	썼	니
아	니	오

아	들	아
들	었	니
아	니	오

대칭수는 팔린드롬의 개념을 수에 적용한 것입니다. 대칭수는 11, 22, 33, 101, 111, 121, 1001, 2332, 15451, …과 같이 왼쪽에서 읽을 때와 오른쪽에서 읽을 때 같은 수가 되는 수를 말합니다. 대칭수는 거울수, 회문수, 팔린드롬수 등의 다양한 이름으로 불립니다. 팔린드롬의 개념을 수학에 적용한 또 다른 예로 '9+9=18 ↔ 9×9=81', '24+3=27 ↔ 24×3=72', '47+2=49 ↔ 47×2=94', … 등과 같이 덧셈과 곱셈의 결과 값의 숫자가 서로 거꾸로 되는 것도 있습니다.

1 세 자리 수 중에서 대칭수가 되는 수의 개수를 구하고, 그 이유를 서술하시오.

세 자리 대칭수의 개수는 90개입니다. 세 자리 대칭수를 ☆◇☆이라고 하면 ☆에 들어갈 수 있는 숫자는 1~9의 9개, ◇에 들어갈 수 있는 숫자는 0~9의 10개이므로 9×10=90 (개)입니다.

해설

☆◇☆에서 백의 자리에는 0이 들어갈 수 없으므로 ☆에 들어갈 수 있는 숫자는 1~9의 9개이고, ◇에 들어갈 수 있는 숫자는 0~9의 10개입니다.

2 네 자리 수 중에서 대칭수가 되는 수의 개수를 구하고, 그 이유를 서술하시오.

네 자리 대칭수의 개수는 90개입니다. 네 자리 대칭수를 ☆◇◇☆이라고 하면 ☆에 들어갈 수 있는 숫자는 1~9의 9개, ◇에 들어갈 수 있는 숫자는 0~9의 10개이므로 $9 \times 10 = 90$ (개)입니다.

> **해 설**
>
> ☆◇◇☆에서 천의 자리에는 0이 들어갈 수 없으므로 ☆에 들어갈 수 있는 숫자는 1~9의 9개이고, ◇에 들어갈 수 있는 숫자는 0~9의 10개입니다.

3 다섯 자리 수 중에서 대칭수가 되는 수의 개수를 구하고, 그 이유를 서술하시오.

다섯 자리 대칭수의 개수는 900개입니다. 다섯 자리 대칭수를 ☆◇△◇☆이라고 하면 ☆에 들어갈 수 있는 숫자는 1~9의 9개, ◇에 들어갈 수 있는 숫자는 0~9의 10개, △에 들어갈 수 있는 숫자는 0~9의 10개이므로 $9 \times 10 \times 10 = 900$ (개)입니다.

> **해 설**
>
> ☆◇△◇☆에서 만의 자리에는 0이 들어갈 수 없으므로 ☆에 들어갈 수 있는 숫자는 1~9의 9개이고, ◇과 △에 들어갈 수 있는 숫자는 0~9의 10개입니다.

4 `00:00` , `88:88` , `88:88` , `88:88` 과 같이 표시되는 디지털시계가 있습니다. 시간을 연속해서 읽을 때 하루 동안 몇 번의 대칭수가 나타나는지 구하고, 그 이유를 서술하시오.

① 1시인 경우는 1:01, 1:11, 1:21, 1:31, 1:41, 1:51의 6번 나타납니다.

② 2시~9시인 경우는 1시와 마찬가지로 각각 6번씩 나타나므로 $6 \times 8 = 48$ (번) 나타납니다.

③ 10시 이후인 경우는 10:01, 11:11, 12:21, 13:31, 14:41, 15:51, 20:02, 21:12, 22:22, 23:32, 00:00으로 시가 두 자리 수이면 1번씩만 나타나므로 11번입니다.

따라서 시간을 연속해서 읽을 때 하루 동안 나타나는 대칭수는 모두 $6 + 48 + 11 = 65$ (번)입니다.

기출유형 ⑥ 규칙이 있는 수들의 합

영주와 지현이는 달력에서 그림과 같이 가로 5, 세로 3인 테두리를 만들었을 때, 그 안에 15개의 숫자의 합을 빨리 구하는 사람이 이기는 게임을 하고 있습니다. 영주가 지현이보다 빠르게 답을 구하여 대부분의 게임을 이겼습니다. 영주의 계산 방법을 서술하시오.(단, 영주와 지현이의 사칙연산 능력은 같습니다.)

10 OCTOBER

일	월	화	수	목	금	토
			1	2	3	4
5	6	7	8	9	10	11
12	13	14	15	16	17	18
19	20	21	22	23	24	25
26	27	28	29	30		

수의 개수는 15개로 홀수 개이고, $6+24$, $7+23$, $8+22$, …와 같이 첫 수와 끝 수를 짝을 지어 더하면 두 수의 합이 30으로 가운데 수인 15의 2배가 됩니다.
따라서 15가 15개가 있다고 생각하고 $15 \times 15 = 225$로 계산하면, 15개의 수를 하나씩 더하는 것보다 빠르게 그 합을 구할 수 있습니다.

6 다음 수들의 합을 구하시오.

해설 연속수의 개수는 '(끝 수)−(첫 수)+1'로, 연속수가 홀수 개일 때 가운데 수는 '(끝 수+첫 수)÷2'로 구할 수 있습니다.

(1) $1+2+3+\cdots+8+9+10=\boxed{55}$
더하려는 수의 개수는 $10-1+1=10$으로 짝수입니다. $(1+10) \times 10 \div 2 = 11 \times 5 = 55$

(2) $1+2+3+\cdots+17+18+19=\boxed{190}$
더하려는 수의 개수는 $19-1+1=19$로 홀수입니다. $(1+19) \div 2 \times 19 = 10 \times 19 = 190$

(3) $1+2+3+\cdots+48+49+50=\boxed{1275}$

더하려는 수의 개수는 $50-1+1=50$으로 짝수입니다. $(1+50)\times50\div2=51\times25=1275$

(4) $1+2+3+\cdots+78+79+80=\boxed{3240}$

더하려는 수의 개수는 $80-1+1=80$으로 짝수입니다. $(1+80)\times80\div2=81\times40=3240$

(5) $1+2+3+\cdots+63+64+65=\boxed{2145}$

더하려는 수의 개수는 $65-1+1=65$로 홀수입니다. $(1+65)\div2\times65=33\times65=2145$

(6) $1+2+3+\cdots+98+99+100=\boxed{5050}$

더하려는 수의 개수는 $100-1+1=100$으로 짝수입니다. $(1+100)\times100\div2=101\times50=5050$

(7) $1+2+3+\cdots+117+118+119=\boxed{7140}$

더하려는 수의 개수는 $119-1+1=119$로 홀수입니다. $(1+119)\div2\times119=60\times119=7140$

(8) $13+14+15+\cdots+28+29+30=\boxed{387}$

더하려는 수의 개수는 $30-13+1=18$로 짝수입니다. $(13+30)\times18\div2=43\times9=387$

(9) $14+15+16+\cdots+48+49+50=\boxed{1184}$

더하려는 수의 개수는 $50-14+1=37$로 홀수입니다. $(14+50)\div2\times37=32\times37=1184$

(10) $1+5+9+13+17+21=\boxed{66}$

더하려는 수의 개수는 6개이므로 짝수입니다. $(1+21)\times6\div2=22\times3=66$

(11) $1+8+15+22+29+36+43=\boxed{154}$

더하려는 수의 개수는 7개이므로 홀수입니다. $(1+43)\div2\times7=22\times7=154$

(12) $1+3+5+\cdots+15+17+19=\boxed{100}$

더하려는 수의 개수는 10개이므로 짝수입니다. $(1+19)\times10\div2=20\times5=100$

(13) $2+4+6+\cdots+24+26+28=\boxed{210}$

더하려는 수의 개수는 14개이므로 짝수입니다. $(2+28)\times14\div2=30\times7=210$

기출유형 ⑦ 조건에 맞는 식 찾기

주어진 5장의 숫자 카드로 '(세 자리 수)×(두 자리 수)'의 곱셈식을 만들려고 합니다. 물음에 답하시오.

| 2 | 3 | 5 | 6 | 8 |

(1) '(세 자리 수)×(두 자리 수)'의 곱셈식의 계산 결과가 가장 큰 값이 나오게 하는 식을 구하여 계산하고, 그 이유를 서술하시오.

```
        6   5   2
      ×     8   3
    ─────────────
        1   9   5   6
    5   2   1   6
    ─────────────
    5   4   1   1   6
```

① ■□□×■□의 색칠된 곳에 가장 큰 숫자와 두 번째로 큰 숫자를 넣어야 합니다. 가장 큰 숫자는 곱해지는 횟수가 더 많은 두 자리 수의 십의 자리에, 두 번째 큰 숫자는 세 자리 수의 백의 자리에 넣어야 합니다.

② □■□×□□의 색칠된 곳에 세 번째 큰 숫자를 넣어야 합니다. 가장 큰 숫자와 곱해지는 세 자리 수의 십의 자리에 세 번째 큰 숫자를 넣어야 합니다.

③ □□□×□■의 색칠된 곳, 즉 두 자리 수의 일의 자리에 네 번째 큰 숫자를 넣어야 합니다.
④ 남은 가장 작은 숫자를 세 자리 수의 일의 자리에 넣어야 합니다.
따라서 가장 큰 값은 652×83＝54116입니다.

(2) '(세 자리 수)×(두 자리 수)'의 곱셈식의 계산 결과가 가장 작은 값이 나오게 하는 식을 구하여 계산하고, 그 이유를 서술하시오.

```
        3   6   8
      ×     2   5
    ─────────────
        1   8   4   0
        7   3   6
    ─────────────
        9   2   0   0
```

① ■□□×■□의 색칠된 곳에 가장 작은 숫자와 두 번째 작은 숫자를 넣어야 합니다. 가장 작은 숫자는 곱해지는 횟수가 더 많은 두 자리 수의 십의 자리에, 두 번째 작은 숫자는 세 자리 수의 백의 자리에 넣어야 합니다.

② □■□×□■의 색칠된 곳에 세 번째 작은 숫자와 네 번째 작은 숫자는 넣고 백의 자리와 십의 자리에 들어간 숫자와 곱해진 합을 비교해 보아야 합니다.

3×5＋2×6＝27<3×6＋2×5＝28이므로 세 번째 작은 숫자는 두 자리 수의 십의 자리에, 네 번째 작은 숫자는 세 자리 수의 십의 자리에 넣어야 합니다.
③ 남은 가장 큰 숫자를 세 자리 수의 일의 자리에 넣어야 합니다.
따라서 가장 작은 값은 368×25＝9200입니다.

7 주어진 5장의 숫자 카드로 '(세 자리 수)×(두 자리 수)'의 곱셈식을 만들려고 합니다. 물음에 답하시오.

| 0 | 1 | 2 | 4 | 7 |

(1) '(세 자리 수)×(두 자리 수)'의 곱셈식의 계산 결과가 가장 큰 값이 나오게 하는 식을 구하여 계산 하고, 그 이유를 서술하시오.

$$
\begin{array}{r}
4\ 2\ 0 \\
\times\ \ \ 7\ 1 \\
\hline
4\ 2\ 0 \\
2\ 9\ 4\ 0\ \ \ \\
\hline
2\ 9\ 8\ 2\ 0 \\
\end{array}
$$

① 가장 큰 숫자는 곱해지는 횟수가 더 많은 두 자리 수의 십의 자리에 넣어야 합니다.

② 두 번째 큰 숫자는 세 자리 수의 백의 자리에 넣어야 합니다.

③ 세 번째 큰 숫자는 가장 큰 숫자와 곱해지는 세 자리 수의 십의 자리에 넣어야 합니다.

④ 네 번째 큰 숫자는 곱해지는 횟수가 더 많은 두 자리 수의 일의 자리에 넣어야 합니다.

⑤ 남은 가장 작은 숫자는 세 자리 수의 일의 자리에 넣어야 합니다.

따라서 가장 큰 값은 $420 \times 71 = 29820$입니다.

해설

'0'이 있어도 결과가 크게 나오는 것은 상관없이 생각하면 됩니다.

(2) '(세 자리 수)×(두 자리 수)'의 계산 결과가 가장 작게 나오는 식을 구하여 계산하고, 그 이유를 서술하시오.

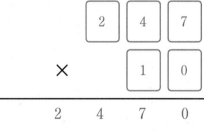

① 0은 세 자리 수의 백의 자리와 두 자리 수의 십의 자리에 올 수 없으므로 0을 제외한 가장 작은 숫자인 1은 곱해지는 횟수가 더 많은 두 자리 수의 십의 자리에, 두 번째로 작은 숫자인 2는 세 자리 수의 백의 자리에 넣어야 합니다.

② 0과 세 번째 작은 숫자인 4는 백의 자리와 십의 자리에 들어간 숫자와 곱해진 합을 비교해 보아야 합니다. $1 \times 4 + 2 \times 0 = 4 < 1 \times 0 + 2 \times 4 = 8$이므로 1과 곱해지는 자리에 4를, 2와 곱해지는 자리에 0을 넣어야 합니다.

③ 남은 가장 큰 숫자를 세 자리 수의 일의 자리에 넣어야 합니다.

따라서 가장 작은 값은 $247 \times 10 = 2470$입니다.

기출유형 ⑧ 조건에 맞는 수 찾기

다음과 같은 5장의 숫자 카드가 있습니다. 이 중 4장을 골라 네 자리 수를 만들 때, 8번째로 큰 수와 50번째로 작은 수를 구하고, 그 이유를 서술하시오.

| 0 | 1 | 3 | 5 | 7 |

8번째로 큰 수

① 75□□인 경우 : 7531, 7530, 7513, 7510, 7503, 7501의 6가지입니다.

② 73□□인 경우 : 7351, 7350, 7315, 7310, 7305, 7301입니다.

따라서 8번째로 큰 수는 73□□인 수 중 두 번째로 큰 수이므로 7350입니다.

50번째로 작은 수

① 천의 자리에는 0이 올 수 없으므로 10□□인 경우부터 구해봅니다.

② 1□□□인 경우 : 백의 자리에 올 수 있는 숫자는 0, 3, 5, 7의 4개이고, 십의 자리에 올 수 있는 숫자는 백의 자리의 숫자를 뺀 3개, 일의 자리에 올 수 있는 숫자는 백의 자리와 십의 자리에 온 숫자를 뺀 2개이므로 1□□□인 수는 $4 \times 3 \times 2 = 24$ (개)입니다.

③ 3□□□인 경우 : 백의 자리에 올 수 있는 숫자는 0, 1, 5, 7의 4개이고, 십의 자리에 올 수 있는 숫자는 백의 자리의 숫자를 뺀 3개, 일의 자리에 올 수 있는 숫자는 백의 자리와 십의 자리에 온 숫자를 뺀 2개이므로 3□□□인 수는 $4 \times 3 \times 2 = 24$ (개)입니다.

④ 5□□□인 경우 : 5013, 5017, 5031, 5037, …입니다.

따라서 50번째로 작은 수는 5□□□인 수 중 두 번째로 작은 수이므로 5017입니다.

기출유형 변형 - 여러 가지 마방진(삼각진)

8 1, 2, 3, 4, 5, 6, 7의 7개의 수 중에서 서로 다른 6개의 수를 택하여 오른쪽 마방진과 같이 삼각형의 각 변에 놓인 3개의 수들의 합이 모두 같게 만들려고 합니다. 물음에 답하시오.(단, 회전하거나 뒤집었을 때 배열이 같은 경우는 같은 것으로 봅니다.)

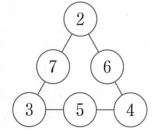

(1) 삼각형의 꼭짓점에 들어가는 수의 합이 가장 작거나 가장 크도록 빈칸에 알맞은 수를 써넣고, 그 이유를 서술하시오.

합이 가장 작은 경우

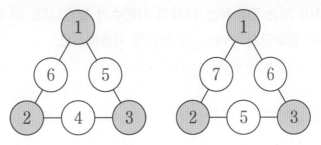

① 꼭짓점에 들어가는 수의 합을 가장 작게 하려면 색칠된 원 안에는 가장 작은 수 3개를 씁니다.
② 각 변에 있는 꼭짓점에 들어가는 두 수의 합은 1+2=3, 1+3=4, 2+3=5입니다.
③ 남은 수는 4, 5, 6, 7이므로 1씩 차이 나는 (4, 5, 6)과 (5, 6, 7)을 써넣을 수 있습니다.

합이 가장 큰 경우

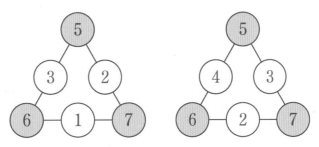

① 꼭짓점에 들어가는 수의 합을 가장 크게 하려면 색칠된 원 안에는 가장 큰 수 3개를 씁니다.
② 각 변에 있는 꼭짓점에 들어가는 두 수의 합은 5+6=11, 5+7=12, 6+7=13입니다.
③ 남은 수는 1, 2, 3, 4이므로 1씩 차이 나는 (1, 2, 3)과 (2, 3, 4)를 써넣을 수 있습니다.

(2) 삼각형의 각 변의 수들의 합이 같아 지도록 여러 가지 마방진을 만들어 보시오.

예시답안

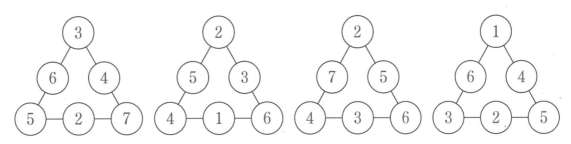

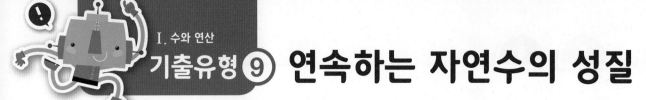
기출유형 ⑨ 연속하는 자연수의 성질

대표문제

더해서 121이 되는 연속하는 11개의 자연수가 있습니다. 이 연속하는 11개의 자연수 중 가장 큰 수는 얼마인지 구하고, 그 이유를 서술하시오.

가운데 수를 □라고 하면 연속하는 11개의 자연수를

$\Box-5, \Box-4, \Box-3, \Box-2, \Box-1, \Box, \Box+1, \Box+2, \Box+3, \Box+4, \Box+5$

로 나타낼 수 있습니다. 이 수들을 모두 더하면 121이 되므로

$\Box-5+\Box-4+\Box-3+\Box-2+\Box-1+\Box+\Box+1+\Box+2+\Box+3+\Box+4+\Box+5=121$

에서

$\Box+\Box+\Box+\Box+\Box+\Box+\Box+\Box+\Box+\Box+\Box=121, 11\times\Box=121, \Box=11$입니다.

따라서 가장 큰 수는 $\Box+5=11+5=16$입니다.

기출유형 연습

9-1 어떤 연속하는 자연수가 홀수 개 있습니다. 이 자연수들 중에서 짝수만의 합과 홀수만의 합의 차가 30이고, 가장 큰 수와 가장 작은 수의 차가 24입니다. 가운데 수를 구하고, 그 이유를 서술하시오.

가장 큰 수와 가장 작은 수의 차가 24이므로 연속하는 자연수의 개수는 25개입니다.

연속하는 25개의 자연수들을 앞에서부터 2개씩 짝을 지으면 12쌍이 되고, 가장 큰 수가 남습니다. 12쌍 중 각각의 쌍에서는 뒤에 있는 수가 앞에 있는 수보다 1이 크므로 12쌍의 짝수만의 합과 홀수만의 합의 차는 12입니다. 짝을 짓고 남은 마지막의 가장 큰 수는 가장 앞에 있는 수가 짝수이면 짝수, 홀수이면 홀수입니다. 이때 짝수만의 합과 홀수만의 합의 차는 (가장 큰 수)$-12=30$이므로 가장 큰 수는 42입니다.

따라서 첫 번째 수는 18, 마지막 수는 42이므로 가운데 수는 $(18+42)\div2=30$입니다.

9-2 연속하는 5개의 두 자리 수가 있습니다. 이 수들의 십의 자리 숫자와 일의 자리 숫자의 합을 구하면 차례대로 7, 8, 9, 10, 11입니다. 연속하는 5개의 두 자리 수를 모두 구하고, 그 이유를 서술하시오.

(십의 자리 숫자)＋(일의 자리 숫자)＝7이 되는 수를 찾으면 16, 25, 34, 43, 52, 61, 70이 있습니다. 이때 십의 자리 숫자와 일의 자리 숫자의 합이 차례대로 7, 8, 9, 10, 11이 되는 연속하는 5개의 두 자리 수를 모두 구하면 (25, 26, 27, 28, 29), (34, 35, 36, 37, 38), (43, 44, 45, 46, 47), (52, 53, 54, 55, 56), (61, 62, 63, 64, 65), (70, 71, 72, 73, 74)입니다.

> **해 설**
>
> ① 십의 자리 숫자가 1이면 16, 17, 18, 19, 20이고, 이것은 조건을 만족하지 않습니다.
> ② 십의 자리 숫자가 2이면 25, 26, 27, 28, 29이고, 이것은 조건을 만족합니다.
> ③ 이와 같이 차례대로 구하면 십의 자리 숫자가 7인 경우까지 조건을 만족합니다.
> 따라서 연속하는 5개의 자연수를 차례로 구하면 (25, 26, 27, 28, 29), (34, 35, 36, 37, 38), (43, 44, 45, 46, 47), (52, 53, 54, 55, 56), (61, 62, 63, 64, 65), (70, 71, 72, 73, 74)입니다.

9-3 두 자리 수 10, 11, 12, 13, 14는 연속하는 자연수입니다. 이와 같이 연속하는 5개의 두 자리 수의 합이 4로 나누어떨어지는 것은 모두 몇 쌍인지 구하고, 그 이유를 서술하시오.

(5개의 연속하는 자연수의 합)＝(가운데 수)×5이므로 가운데 수가 4의 배수이면 4의 배수가 됩니다. 두 자리 수 중 가장 작은 4의 배수는 12이고, 가장 큰 4의 배수는 12＋4×21＝96입니다. 따라서 구하는 연속하는 5개의 두 자리 수는 (10, 11, 12, 13, 14), (14, 15, 16, 17, 18), (18, 19, 20, 21, 22), …, (90, 91, 92, 93, 94), (94, 95, 96, 97, 98)로 22쌍입니다

9-4 22＋23＝45와 같이 45를 연속하는 자연수의 합으로 나타내려고 합니다. 가능한 방법을 모두 구하고, 그 이유를 서술하시오.

① 45÷3＝15이므로 14＋15＋16＝45입니다.
　또, 가운데 수 15를 기준으로 두 개로 나누면 7＋8＝15이므로 5＋6＋7＋8＋9＋10＝45입니다.
② 45÷5＝9이므로 7＋8＋9＋10＋11＝45이고, 가운데 수 9를 기준으로 두 개로 나누면
　4＋5＝9이므로 0＋1＋2＋3＋4＋5＋6＋7＋8＋9＝45이지만 0은 자연수가 아니므로 조건을 만족하지 않습니다.
③ 45÷9＝5이므로 1＋2＋3＋4＋5＋6＋7＋8＋9＝45입니다.
따라서 2개(22＋23), 3개(14＋15＋16), 5개(7＋8＋9＋10＋11), 6개(5＋6＋7＋8＋9＋10), 9개(1＋2＋3＋4＋5＋6＋7＋8＋9)의 연속하는 자연수의 합으로 나타낼 수 있습니다.
즉, 45를 연속하는 자연수의 합으로 나타내는 방법은 5가지입니다.

> **해 설**
>
> 연속하는 자연수의 합을 구하는 방법은
> ① 개수가 홀수일 때 : (연속하는 자연수의 합)＝(가운데 수)×(개수)
> ② 개수가 짝수일 때 : (연속하는 자연수의 합)＝(가운데 두 수의 합)×(개수)÷2

대표문제

1에서 10000까지 자연수를 나열할 때, 숫자 3은 모두 몇 번 쓰이는지 구하고, 그 이유를 서술하시오.

천의 자리, 백의 자리, 십의 자리, 일의 자리에서 3이 각각 몇 번 쓰이는지 구합니다.

1~10000에서 천의 자리에 3이 오면 3□□□로 1000번 쓰입니다.

1~999에서 백의 자리에 3이 오면 3□□로 100번, 1000~9999에서 백의 자리에 3이 오면 □3□□로 900번 쓰입니다. 즉, 1~10000에서 백의 자리에 3이 오면 3은 1000번 쓰입니다.

1~99에서 십의 자리에 3이 오면 3□로 10번, 100~999에서 십의 자리에 3이 오면 □3□로 90번, 1000~9999에서 십의 자리에 3이 오면 □□3□로 900번 쓰입니다. 즉, 1~10000에서 십의 자리에 3이 오면 3은 1000번 쓰입니다.

1~9에서 3은 1번 쓰이고, 1~99에서 일의 자리에 3이 오면 □3으로 9번, 100~999에서 일의 자리에 3이 오면 □□3으로 90번, 1000~9999에서 일의 자리에 3이 오면 □□□3으로 900번 쓰입니다. 즉, 1~10000에서 일의 자리에 3이 오면 3은 1000번 쓰입니다.

따라서 1부터 10000까지 자연수를 나열할 때, 숫자 3은 모두 4000번 쓰입니다.

기출유형 연습

10-1 1에서 10000까지 자연수를 나열할 때, 숫자 0은 몇 번 쓰이는지 구하고, 그 이유를 서술하시오.

10000에서 0이 4번 쓰입니다. 1~99에서 □0이므로 9번 쓰입니다.

100~999에서 십의 자리에 쓰이면 □0□로 90번, 일의 자리에 쓰이면 □□0으로 90번 쓰입니다.

1000~9999에서 백의 자리에 쓰이면 □0□□로 900번, 십의 자리에 쓰이면 □□0□로 900번, 일의 자리에 쓰이면 □□□0으로 900번 쓰입니다.

따라서 1에서 10000까지 자연수를 나열할 때 숫자 0은 모두
$4+9+90+90+900+900+900=2893$ (번) 쓰입니다.

핵심 개념　숫자의 개수

① 한 자리 수의 숫자의 개수는 9개입니다. ➡ 1~9에서 숫자의 개수는 9개입니다.

② 두 자리 수에 쓰이는 숫자의 개수는 (두 자리 수의 개수)$\times 2$ (개)입니다.

　➡ 10~99에서 숫자의 개수는 $90 \times 2 = 180$ (개)입니다.

③ 세 자리 수에 쓰이는 숫자의 개수는 (세 자리 수의 개수)$\times 3$ (개)입니다.

　➡ 100~999에서 숫자의 개수는 $900 \times 3 = 2700$ (개)입니다.

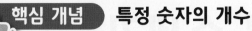

특정 숫자의 개수

① 1~99에서 숫자 3은 1~9 중 3에서 1개, 10~99 중 십의 자리 3□에서 10개, 일의 자리 □3에서 9개로 모두 $1+10+9=20$ (개)가 있습니다.

② 1~999에서 숫자 3은 1~99에서 20개가 있고, 100~999 중 백의 자리 3□□에서 100개, 십의 자리 □3□에서 90개, 일의 자리 □□3에서 90개로 모두 $20+100+90+90=300$ (개) 있습니다.

③ 1~99에서 숫자 0은 일의 자리 □0에서 모두 9개 있습니다.

④ 1~999에서 숫자 0은 10~99에서 □0으로 9개, 100~999 중 십의 자리 □0□에서 90개, 일의 자리 □□0에서 90개로 모두 $9+90+90=189$ (개)가 있습니다.

10-2 151에서 1000까지 자연수를 나열할 때, 숫자 7은 몇 번 쓰이는지 구하고, 그 이유를 서술하시오.

숫자 7이 백의 자리, 십의 자리, 일의 자리에서 각각 몇 번씩 쓰이는지 구합니다.

① 백의 자리에서 숫자 7이 쓰이면 7□□에서 100번 쓰입니다.

② 십의 자리에서 숫자 7이 쓰이면 □7□에서 90번 쓰입니다.

③ 일의 자리에서 숫자 7이 쓰이면 □□7에서 85번 쓰입니다.
  (157~197에서 5번, 200~999에서 80번 쓰입니다.)

따라서 151에서 1000까지 자연수를 나열할 때, 숫자 7은 모두 $100+90+85=275$ (번) 쓰입니다.

10-3 417에서 683까지 자연수를 나열할 때, 가장 많이 쓰이는 숫자는 몇 번인지 구하고, 그 이유를 서술하시오.

가장 많이 쓰이는 숫자는 백의 자리에 쓰인 5입니다. 숫자 5의 개수는 백의 자리에 쓰이면 5□□에서 100번, 십의 자리에 쓰이면 □5□에서 30번, 일의 자리에 쓰이면 □□5에서 26번 쓰입니다. 따라서 417에서 683까지 자연수를 나열할 때, 가장 많이 쓰이는 숫자는 5로 모두 $100+30+26=156$ (번) 쓰입니다.

10-4 284에서 815까지 자연수를 나열할 때, 가장 많이 쓰이는 숫자와 가장 적게 쓰이는 숫자의 차이는 몇 번인지 구하고, 그 이유를 서술하시오.

① 가장 많이 쓰이는 숫자는 백의 자리에도 쓰이고, 일의 자리에도 쓰인 4와 5입니다. 숫자 4는 백의 자리에 쓰이면 4□□에서 100번, 십의 자리에 쓰이면 □4□(340~749)에서 50번, 일의 자리에 쓰이면 □□4(284~814)에서 54번 쓰입니다. 즉, 284에서 815까지 숫자 4는 모두 $100+50+54=204$ (번) 쓰입니다. (4와 5가 쓰인 횟수는 204번으로 같습니다.)

② 가장 적게 쓰이는 숫자는 1입니다. 숫자 1의 개수는 백의 자리에는 쓰이지 않고, 십의 자리에 쓰이면 □1□에서 56번, 일의 자리에 쓰이면 □□1에서 53번 쓰입니다.
  즉, 284에서 815까지 숫자 1은 모두 $56+53=109$ (번) 쓰입니다.

따라서 가장 많이 쓰이는 숫자와 가장 적게 쓰이는 숫자의 차이는 $204-109=95$ (번)입니다.

고대인들의 수세기

기수법은 수를 시각적으로 나타내는 방법을 말합니다. 가장 단순하고 원시적인 기수법은 1에 대한 표현법만 가지고, 이를 반복해서 나타내는 단항 기수법으로서, 1을 선분, 원 또는 점 등으로 나타냅니다. 예를 들어 만약 1을 나타내는 단위 기호가 ○이라면 3은 ○○○, 7은 ○○○○○○○으로 표기하는 것입니다.

초기의 단항 기수법에서는 제법 큰 수를 나타낼 때에도 그냥 가로로 나열하여 표기하였습니다. 하지만 단위 기호가 많아지면 사람들이 한 눈에 개수를 셀 수가 없어서 그 기호가 몇 개를 나타내는지 쉽게 알 수가 없었습니다. 이에 따라 시간이 지나면서 오른쪽 <그림 1>과 같

〈그림 1〉

이 단위 기호 5개를 쓰면 띄어쓰기를 하여 알아볼 수 있게 하거나, 5개 단위로 약간 기울여서 쉽게 알아 볼 수 있도록 하였습니다. 또 다른 방식으로는 한 줄에 있는 단위 기호가 특정한 개수(5개, 10개 등)가 되면 다음 줄로 넘어가는 방식으로 숫자를 쓰기도 하였습니다.

옆으로 나열된 단위 기호가 4개를 넘으면 그 개수를 한눈에 알 수 어렵기 때문에 조금 발전된 단항 기수법에서 한 번에 표시하는 단위 기호

〈그림 2〉

는 최대 4개인 것이 일반적이라고 합니다. 따라서 단위 기호가 5개가 되면 위의 <그림 2>와 같이 묶음을 하거나 다른 기호를 사용하게 되었습니다.

고대 이집트인이나 크레타 섬 주민들의 경우 단위 기호를 한 줄에 4개씩 표기하였고, 바빌로니아인이나 페니키아인들은 한 번에 3개씩 표기하였습니다. 또 어떤 문명은 아예 숫자 5에 대한 기호를 만들어서 숫자 인식의 어려움을 극복하고자 하였습니다.

1

한눈에 인식할 수 있는 숫자의 개수가 3개 또는 4개까지만 가능하다는 것을 활용한 것들이 현재에도 많이 남아 있습니다. 실생활 속에서 발견할 수 있는 숫자를 3개 또는 4개로 끊어서 읽는 예를 3가지 이상 서술하시오.

예시답안

큰 수 읽기 : 우리나라는 4자리씩, 미국과 영국은 3자리씩 끊어 읽습니다.

핸드폰 번호 : ○○○─○○○○─○○○○와 같이 숫자 3, 4개의 조합,

유선 전화 번호(지역번호 포함) : ○○○─○○○─○○○○와 같이 숫자 3, 4개의 조합,

카드번호 : ○○○○─○○○○─○○○○─○○○○와 같이 숫자 4개의 조합,

아파트 동호수 : ○○○동 ○○○○호와 같이 숫자 3, 4개의 조합,

자동차 번호 : ○○호 ○○○○와 같이 숫자 2, 4개의 조합으로 이루어져 있습니다.

고대 이집트의 10진법

고대 이집트에서는 기원전 3000년(약 5000년) 전부터 기수법을 이용하여 수를 나타내었으며, 1000년 전까지 약 4000년간 이 방법을 사용하였습니다. 이 기수법은 10개가 되면 다른 모양을 사용하는 10진법을 사용하였는데, 1, 10, 100, 1000, 10000, 100000, 1000000의 숫자들을 다른 기호로 표기하였습니다. 이러한 기호들은 오른쪽 그림과 같이 특정 사물의 모양을 본떠 만든 상형문자였습니다.

1	
10	
100	
1000	
10000	
100000	
1000000	

예를 들어 왼쪽 그림과 같은 기호는 이집트 동부에 있는 카르낙이라는 곳에서 발견된 돌에 새겨진 것으로 4622를 의미합니다.

상형문자를 이용한 기수법은 자리마다 다른 기호가 필요하고, 같은 상형문자를 여러 개 사용해야 하므로 모든 수를 표현하려면 상형문자 기호가 무한히 많아야 했습니다. 하지만 고대 이집트에서는 100000보다 큰 수가 필요한 경우는 거의 없었기 때문에 이런 기수법이 약 4000년 동안이나 유지되어 사용될 수 있었습니다.

1 다음 고대 이집트 수를 현재 우리가 사용하는 수로 바꾸어 보시오.

(1) 1202324

(2) 1202324

2 **1**을 통해 알 수 있는 현재 우리가 사용하는 수 체계와 고대 이집트의 수 체계의 다른 점을 서술하시오.

> **예시답안**
> ① 고대 이집트 수 체계는 순서를 바꾸어도 수의 크기가 변하지 않지만 현재 우리가 사용하는 수 체계는 순서가 바뀌면 수의 크기가 달라집니다. 231 → 312
> ② 고대 이집트의 수 체계는 0이 없지만 현재 우리가 사용하는 수 체계는 0이 아주 많이 사용됩니다.

다음과 같이 36개의 작은 정삼각형으로 이루어진 정삼각형이 있습니다. 이 정삼각형을 모양과 크기가 같은 3조각으로 나누려고 합니다. 다음 예시를 제외한 4가지 방법으로 나눠 아래 그림에 표시하시오.(단, 돌리거나 뒤집었을 때 같은 모양의 도형은 같은 도형으로 봅니다.)

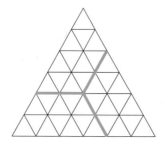

예시답안

해 설

가운데 점에서 세 방향으로 똑같은 모양으로 변을 따라 이동하면서 그립니다.
이외에도 더 많은 방법으로 도형을 나눌 수 있습니다.

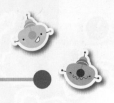

1-1 여러 가지 방법으로 주어진 도형을 모양과 크기가 같은 4조각으로 나누시오.(단, (5), (6)의 같은 도형은 서로 다른 모양으로 4조각을 나눕니다.)

(1)

(2)

(3)

(4)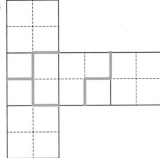

(5)

(6)

(7)

(8)

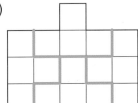

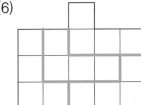

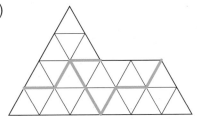

1-2 도형 안의 서로 다른 종류의 기호가 각각 하나씩 포함되도록 모양과 크기가 같은 4조각으로 나누시오.

(1)

(2)

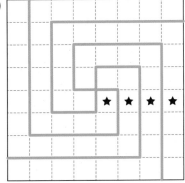

대표문제

오른쪽과 같은 정사각형 모양의 타일이 30개 있습니다. 이 타일을 붙여 직 사각형을 만들 때 생길 수 있는 원의 수는 최대 몇 개인지 구하고, 그 이유 를 서술하시오.

직사각형이 되는 경우는 $1 \times 30 = 2 \times 15 = 3 \times 10 = 5 \times 6$이므로 가로줄을 늘려가며(또는 세로줄 을 늘려가며) 정사각형 모양의 타일을 붙여서 원이 몇 개 생기는지를 구합니다.

① 가로로 1줄, 세로로 30줄(또는 가로로 30줄, 세로로 1줄)이 되도록 배열하면 원이 생기지 않습니다.

② 가로로 2줄, 세로로 15줄(또는 가로로 15줄, 세로로 2줄)이 되도록 배열하면 가운데 모여지는 부분에서 $1 \times 14 = 14$ (개)의 원이 생깁니다.

③ 가로로 3줄, 세로로 10줄(또는 가로로 10줄, 세로로 3줄)이 되도록 배열하면 가운데 모여지는 부분에서 $2 \times 9 = 18$ (개)의 원이 생깁니다.

④ 가로로 5줄, 세로로 6줄(또는 가로로 6줄, 세로로 5줄)이 되도록 배열하면 가운데 모여지는 부분에서 $4 \times 5 = 20$ (개)의 원이 생깁니다.

따라서 생길 수 있는 원의 최대 개수는 20개입니다.

기출유형 연습

2-1 오른쪽과 같은 정사각형 모양의 타일이 15개 있습니다. 이 타일을 붙여 직사 각형으로 만들 때 생길 수 있는 크고 작은 정사각형은 최대 몇 개인지 구하 고, 그 이유를 서술하시오.

정사각형 모양에 가깝도록 타일을 붙여 직사각형을 만들면 정 사각형이 많이 생깁니다.

따라서 오른쪽 그림과 같이 가로로 5칸, 세로로 3칸이 되도록 타일을 붙여 직사각형을 만든 후 생길 수 있는 크고 작은 정사 각형을 찾습니다.

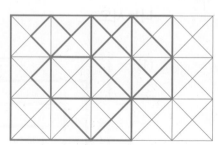

삼각형 2개(타일 반 개의 크기)로 된 정사각형은 22개,
삼각형 4개(타일 1개의 크기)로 된 정사각형은 15개,
삼각형 8개(타일 2개의 크기)로 된 정사각형은 11개,
삼각형 16개(타일 4개의 크기)로 된 정사각형은 8개,
삼각형 18개(타일 4개 반의 크기)로 된 정사각형은 2개,
삼각형 36개(타일 9개의 크기)로 된 정사각형은 3개입니다.

따라서 생길 수 있는 크고 작은 정사각형의 최대 개수는 $22 + 15 + 11 + 8 + 2 + 3 = 61$ (개)입니다.

2-2 오른쪽과 같은 모양의 도형에서 찾을 수 있는 크고 작은 삼각형은 모두 몇 개인지 구하고, 그 이유를 서술하시오.

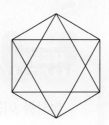

삼각형을 만드는 데 사용된 조각의 개수로 삼각형을 찾아 그 개수를 구합니다.

한 조각으로 이루어진 삼각형은 12개, 두 조각으로 이루어진 삼각형은 12개, 세 조각으로 이루어진 삼각형은 6개, 네 조각으로 이루어진 삼각형은 2개입니다.

따라서 주어진 도형에서 찾을 수 있는 크고 작은 삼각형은 모두

$12+12+6+2=32$ (개)입니다.

2-3 오른쪽 그림의 도형에서 선을 따라 그릴 수 있는 직사각형은 모두 몇 개인지 구하고, 그 이유를 서술하시오.

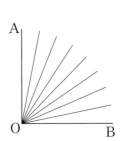

가운데 색칠된 직사각형을 포함하는 경우와 포함하지 않는 경우로 나누어서 개수를 구합니다.

① 색칠된 직사각형을 포함하지 않는 경우

1개로 이루어진 직사각형은 16개, 2개로 이루어진 직사각형은 16개,

3개로 이루어진 직사각형은 12개, 4개로 이루어진 직사각형은 8개,

5개로 이루어진 직사각형은 4개, 6개로 이루어진 직사각형은 2개

이므로 직사각형의 개수는 $16+16+12+8+4+2=58$ (개)입니다.

② 색칠된 직사각형을 포함하는 경우

주어진 도형을 오른쪽 그림과 같이 생각하고 개수를 나누어 구합니다.

1개로 이루어진 직사각형은 1개, 2개로 이루어진 직사각형은 4개,

3개로 이루어진 직사각형은 2개, 4개로 이루어진 직사각형은 4개,

6개로 이루어진 직사각형은 4개, 9개로 이루어진 직사각형은 1개

이므로 직사각형의 개수는 $1+4+2+4+4+1=16$ (개)입니다.

따라서 ①, ②에서 선을 따라 그릴 수 있는 직사각형은 모두 $58+16=74$ (개)입니다.

2-4 각 AOB가 직각일 때, 오른쪽 그림의 도형에서 찾을 수 있는 예각은 모두 몇 개인지 구하고, 그 이유를 서술하시오.

예각은 직각보다 작은 각입니다. 예각을 만드는 데 사용된 각의 개수로 나누어 구합니다.

1개로 이루어진 예각은 8개, 2개로 이루어진 예각은 7개,

3개로 이루어진 예각은 6개, 4개로 이루어진 예각은 5개,

5개로 이루어진 예각은 4개, 6개로 이루어진 예각은 3개,

7개로 이루어진 예각은 2개, 8개로 이루어진 각은 직각이 되므로 만들 수 없습니다.

따라서 구하는 예각의 개수는 $8+7+6+5+4+3+2=35$ (개)입니다.

철사를 이용하여 그림의 도형을 만들었습니다. 위쪽, 왼쪽, 앞쪽, 오른쪽에서 이 도형에 빛을 비출 때, 나타나는 그림자의 모양을 그려 보시오.

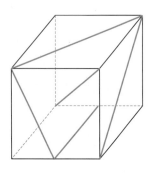

〈위쪽〉

〈왼쪽〉

〈앞쪽〉

〈오른쪽〉

기출유형 연습

3-1 아래 그림과 같이 쌓은 쌓기나무를 위쪽, 왼쪽, 앞쪽, 오른쪽에서 보았을 때 어떤 모양인지 그려 보시오.

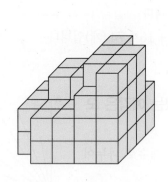

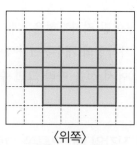

〈위쪽〉

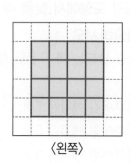

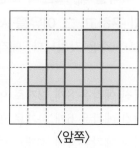

〈왼쪽〉

〈앞쪽〉

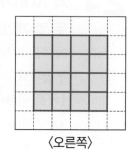

〈오른쪽〉

3-2 다음은 쌓기나무를 위쪽, 앞쪽, 옆쪽에서 본 모양을 그린 그림입니다. 쌓기나무를 가장 적게 사용할 경우 필요한 쌓기나무의 개수와 가장 많이 사용할 경우 필요한 쌓기나무의 개수를 각각 구하고, 그 이유를 서술하시오.

> **해설** 〈위쪽〉의 그림에 1층인 줄에는 1, 2층인 줄에는 2, 3층인 줄에는 3을 씁니다.

(1)

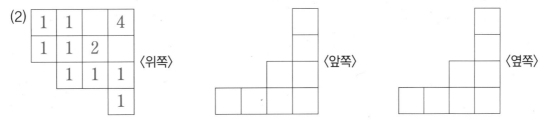

① 앞쪽에서 3층인 줄과 옆쪽에서 3층인 줄이 만나는 자리에 3을 씁니다.

② 앞쪽에서 2층인 줄과 옆쪽에서 2층인 줄이 만나는 자리에 2를 씁니다.

③ 앞쪽과 옆쪽에서 1층인 자리에 1을 씁니다.

④ 남은 자리에는 1 또는 2를 쓸 수 있습니다.

따라서 필요한 최소 개수는 $1+3+2+2+1+1+1+1+1=13$ (개)이고, 필요한 최대 개수는 $2+3+2+2+2+1+1+1+1=15$ (개)입니다.

(2)

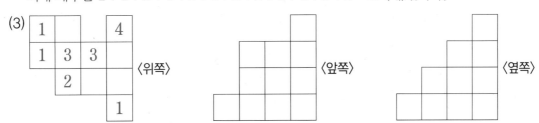

① 앞쪽에서 4층인 줄과 옆쪽에서 4층인 줄이 만나는 자리에 4를 씁니다.

② 앞쪽에서 2층인 줄과 옆쪽에서 2층인 줄이 만나는 자리에 2를 씁니다.

③ 앞쪽과 옆쪽에서 1층인 자리에 1을 씁니다.

④ 남은 자리에 1 또는 2를 씁니다.

따라서 필요한 최소 개수는 $1+1+1+4+1+1+2+1+1+1+1+1=16$ (개)이고, 필요한 최대 개수는 $1+1+2+4+1+1+2+2+1+1+1+1=18$ (개)입니다.

(3)

① 앞쪽에서 4층인 줄과 옆쪽에서 4층인 줄이 만나는 자리에 4를 씁니다.

② 앞쪽에서 3층인 줄과 옆쪽에서 3층인 줄이 만나는 자리에 3을 씁니다.

③ 앞쪽과 옆쪽에서 1층인 자리에 1을 씁니다.

④ 옆쪽에서 2층인 줄이 보이는 자리에 하나만 2를 쓰고, 남는 자리에 1 또는 각 줄의 최대 층수를 씁니다.

1	3		4
1	3	3	3
	2	2	2
			1

따라서 필요한 최소 개수는 $1+1+4+1+3+3+1+2+1+1+1=19$ (개)이고, 필요한 최대 개수는 오른쪽 그림과 같으므로 $1+3+4+1+3+3+3+2+2+2+1=25$ (개)입니다.

기출유형 ④ 도형의 둘레

한 변의 길이가 1 cm인 정삼각형 모양의 타일을 서로 마주보게 붙이면 다양한 도형을 만들 수 있습니다. 예를 들어 정삼각형 타일 5개로는 다음과 같은 모양을 만들 수 있습니다.

 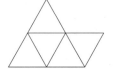

한 변의 길이가 1 cm인 정삼각형 모양의 타일 12개를 서로 마주보게 붙여 만들 수 있는 둘레의 길이가 가장 짧은 도형을 10가지 이상 그려 보시오.(단, 돌리거나 뒤집었을 때 같은 모양의 도형은 같은 도형으로 봅니다.)

겹쳐지는 삼각형의 변의 개수가 많아지도록 도형을 만들면 둘레의 길이가 짧게 됩니다.

오른쪽 그림과 같이 정삼각형 타일 10개를 붙이면 둘레의 길이가 가장 짧은 도형이 됩니다. 남은 2개의 타일을 한 변이 다른 변과 만나게 어디에 붙여도 둘레의 길이는 10 cm입니다.

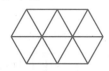

① 남은 2개의 타일을 떨어지게 붙이는 경우

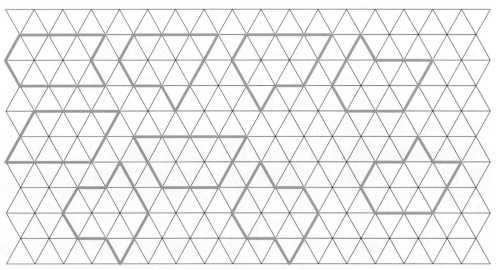

② 남은 2개의 타일을 서로 맞닿게 붙이는 경우

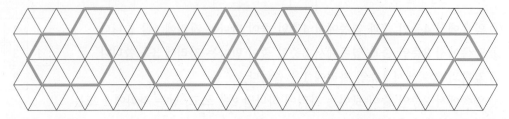

이외에도 둘레의 길이가 10 cm인 도형을 더 많이 그릴 수 있습니다.

4 한 변의 길이가 1 cm인 아래의 모눈에 둘레의 길이가 12 cm인 도형을 15가지 이상 그려 보시오.(단, 돌리거나 뒤집었을 때 같은 모양의 도형은 같은 도형으로 봅니다.)

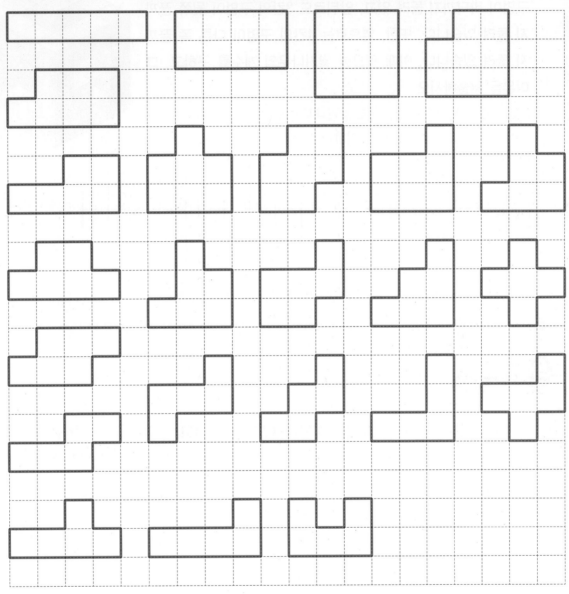

해설

가로와 세로의 길이의 합이 6 cm인 직사각형을 찾습니다.

(가로 5 cm, 세로 1 cm), (가로 4 cm, 세로 2 cm), (가로 3 cm, 세로 3 cm)

이때 1칸씩 안으로 밀어 넣어도 둘레의 길이는 변화가 없으므로 1칸 밀린 도형,

2칸 밀린 도형 등 다양한 도형을 찾습니다.

마지막으로 오른쪽 그림과 같이 오목한 형태도 가능한지 확인해 봅니다.

이외에도 더 많은 도형을 그릴 수 있습니다.

기출유형 ⑤ 쌓기나무의 개수

대표문제

오른쪽은 쌓기나무를 붙여서 만든 도형입니다. 위아래로 3칸의 구멍이 바닥까지 뚫려 있고, 앞뒤로도 3칸의 구멍이 뒷쪽 끝까지 뚫려 있습니다. 또한, 옆으로는 4칸의 구멍이 다른 쪽 끝까지 뚫려 있습니다. 이때 필요한 쌓기나무의 개수를 구하고, 그 이유를 서술하시오.

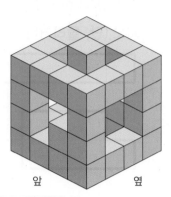

앞   옆

4층, 3층, 2층, 1층의 순서대로 쌓기나무가 남아 있는 곳에는 ○를, 남아 있지 않은 곳에는 ×를 표시합니다.

○	○	○	○
○	×	×	○
○	×	×	○
○	○	○	○

〈4층〉

○	×	×	○
×	×	×	×
×	×	×	×
○	×	×	○

〈3층〉

○	×	×	○
×	×	×	×
○	×	×	○
○	×	×	○

〈2층〉

○	○	○	○
○	×	○	○
○	×	×	○
○	○	○	○

〈1층〉

따라서 층별로 남아 있는 쌓기나무의 개수를 더하면 13＋4＋6＋13＝36 (개)입니다.

기출유형 연습

5-1 왼쪽 그림과 같이 쌓기나무를 이용하여 도형을 만들고, 바닥면을 포함한 겉면에 물감을 칠했습니다. 오른쪽 그림과 같이 위에서 본 모양의 바탕그림에 각각의 쌓기나무의 색칠된 면의 개수를 써넣으시오.

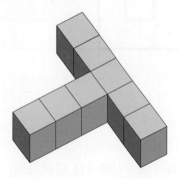

5	4	3	4	5
		4		
		4		
		5		

5-2 쌀기나무를 이용하여 오른쪽과 같은 도형을 만들고, 바닥면을 포함한 겉면에 물감을 칠했습니다. 각 층의 위에서 본 모양의 바탕그림에 쌀기나무의 색칠된 면의 개수를 써넣으시오.

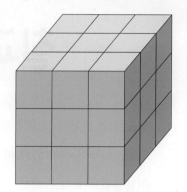

3	2	3
2	1	2
3	2	3

〈3층〉

2	1	2
1	0	1
2	1	2

〈2층〉

3	2	3
2	1	2
3	2	3

〈1층〉

5-3 17개의 쌀기나무를 모두 이용하여 다음과 같은 도형을 만들고, 바닥면을 포함한 겉면에 물감을 칠했습니다. 이 도형에서 색칠된 면이 모두 몇 개인지 구하고, 그 이유를 서술하시오.

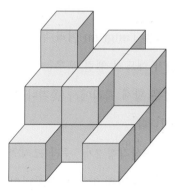

위에서 본 모양의 바탕그림에 쌀기나무의 층수를 써서 쌀기나무의 개수를 구합니다.
왼쪽의 가장 뒤쪽의 보이지 않는 곳에 쌀기나무가 있는지 없는지 확인합니다.
왼쪽의 가장 뒤쪽의 보이지 않는 곳을 제외하면 쌀기나무의 개수는 16개이므로 보이지 않는 곳에 쌀기나무 1개가 있는 것을 알 수 있습니다.
각 층의 위에서 본 바탕그림에 쌀기나무의 색칠된 면의 개수를 써넣습니다.

?	2	0
3	2	2
2	2	1
1	0	1

3층: 5 , 2층: | | 4 | |
              |---|---|---|
              | 2 | 1 | 4 |

4	3	
2	1	3
2	2	3
5		5

3층: 5 , 2층: | 4 |
              3 3

1층: 5   5

따라서 이 도형에서 색칠된 면의 개수는 층별로 색칠된 면의 개수의 합이므로
$5+17+30=52$ (개)입니다.

칠교놀이(탱그램)와 각

약 5000년 전부터 고대 중국에서는 퍼즐 게임인 칠교를 즐겼는데, 정사각형 모양의 종이나 나무판을 일곱 조각으로 나누어 여러 가지 형상을 꾸미며 노는 놀이입니다. 이 칠교놀이를 하면 지혜가 길러진다고 해서 지혜판(智慧板)이라고도 하고, 손님을 머무르게 하는 판이라고 하여 유객판(留客板)이라고도 하며, 서양에서는 탱그램(Tangram)이라고 합니다.

우리나라에서는 칠교놀이의 방법을 그림으로 해석한 책『칠교해(七巧解)』가 전해지는데, 여기에는 복숭아 · 감 · 배 등의 과일의 모양, 나무 · 풀 등의 식물의 모양 등으로 여러 가지 형태를 만들어가며 즐길 수 있게 300여 종에 달하는 모양이 그려져 있어 오랜 전부터 이 놀이를 즐겼음을 알 수 있습니다.

〈칠교해〉

이 칠교놀이가 세계 여러 나라로 전해지면서 많은 사람들이 칠교놀이에 대해서 관심을 가지고 즐기게 되었습니다. 유럽과 미국에서는 칠교놀이를 탱그램(Tangram)이라 부르는데, 그 이유는 당나라에서 놀던 놀이라는 뜻에서 유래되었다고 합니다. 미국의 작가 애드거 앨런 포우는 상아로 칠교판을 만들어 광적으로 이 놀이를 즐겼다고 하며, 프랑스의 황제 나폴레옹은 황제 자리에서 쫓겨나 섬으로 유배되어 고독한 시간을 보낼 때, 이 칠교놀이로 울적함을 달랬다고 전해집니다.

칠교판은 오른쪽 그림과 같이 큰 직각이등변삼각형 2개, 중간 크기의 직각이등변삼각형 1개, 작은 직각이등변삼각형 2개, 정사각형 1개, 평행사변형 1개로 이루어져 있습니다. 이 간단한 7개의 조각으로 상상력과 창의성에 따라 무궁무진하게 많은 모양을 만들 수 있습니다. 이 7개의 조각들은 각각 조각의 넓이와 변의 길이가 일정한 비로 이루어져 있어서 평면도형의 탐구와 직각의 활용을 보여 주는 예로 아주 적합합니다.

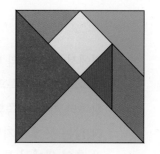

칠교놀이는 7개의 한정된 조각을 가지고 새로운 독창적인 모형을 만드는 것으로, 학생들의 상상력과 사고력, 조직력을 기르는 데 매우 유익한 놀이라고 할 수 있습니다.

1 오른쪽 그림과 같은 칠교판에는 몇 가지 종류의 서로 다른 각이 있는지 찾으려고 합니다. 칠교판에 각도를 표시하고, 그 각이 나오는 이유를 서술하시오.

① 위쪽 가장자리에 있는 각의 크기는 직각의 반이므로 $90° \div 2 = 45°$ 입니다.

② 두 대각선이 만나서 생기는 가운데 4개의 각의 크기는 $360° \div 4 = 90°$입니다.

③ 왼쪽 옆 평행사변형의 큰 각의 크기는 $180° - 45° = 135°$입니다.

따라서 오른쪽 칠교판에는 $45°$, $90°$, $135°$의 서로 다른 3개의 각이 있습니다.

2 칠교판에 있는 도형만으로는 정육각형을 만들 수 없습니다. 그 이유를 서술하시오.

정육각형은 오른쪽 그림과 같이 6개의 정삼각형으로 나눌 수 있으므로 정육각형의 한 내각의 크기는 $120°$입니다.

하지만 칠교판에서 찾을 수 있는 각의 크기는 $45°$, $90°$, $135°$뿐이므로 $120°$를 만들 수 없습니다.

3 다음 그림은 정사각형 모양의 색종이를 접어서 가위로 자르는 과정을 나타낸 것입니다. 마지막 그림에서 각 가의 크기를 구하고, 그 이유를 서술하시오.

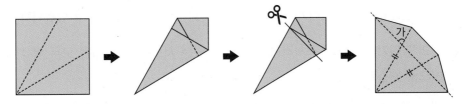

① 마지막 그림에 있는 3개의 삼각형은 모두 이등변삼각형이고, 크기와 모양이 모두 같습니다. 따라서 3개의 삼각형이 만나는 점에 있는 3개의 각의 크기는 각각 $30°$이므로 나머지 2개의 양 끝각의 크기는 $(180° - 30°) \div 2 = 75°$입니다.

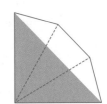

② 색칠된 부분은 직각이등변삼각형이므로 직각이 아닌 양 끝각의 크기는 $45°$입니다.

③ 각 가를 포함하는 삼각형에서 한 각의 크기는 $75°$, 다른 한 각의 크기는 $75° - 45° = 30°$이므로 각 가의 크기는 $180° - 75° - 30° = 75°$입니다.

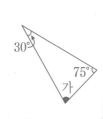

기출유형 ⑥ 다각형과 각도

길이가 1 cm, 2 cm, 3 cm, 4 cm, 5 cm, 6 cm, 7 cm, 8 cm, 9 cm, 10 cm인 막대가 각각 1개씩 있습니다. 이 중에서 몇 개의 막대를 골라 정사각형을 만들려고 합니다. 물음에 답하시오.(단, 막대의 두께는 무시합니다.)

(1) 이 막대들을 이용하여 만들 수 있는 가장 작은 정사각형의 한 변의 길이를 구하고, 그 이유를 서술하시오.

　짧은 막대들을 이어붙여 길이가 같은 3개의 막대를 만들어야 합니다.

　짧은 막대 6개로 길이가 같아지도록 짝을 지어 3쌍을 만들면

　1 cm + 6 cm = 2 cm + 5 cm = 3 cm + 4 cm = 7 cm가 됩니다.

　따라서 이 막대들을 이용하여 만들 수 있는 가장 작은 정사각형의 한 변의 길이는 7 cm입니다.

(2) 이 막대들을 이용하여 만들 수 있는 크기가 서로 다른 정사각형은 모두 몇 가지인지 구하고, 그 이유를 서술하시오.

　막대들을 이용하여 가장 큰 정사각형을 만들어 봅니다. 모든 막대들의 길이의 합은 55 cm입니다. 55 ÷ 4 = 13…3이므로 가장 큰 정사각형의 한 변의 길이는 13 cm입니다.

　10 cm + 3 cm = 9 cm + 4 cm = 8 cm + 5 cm = 7 cm + 6 cm

　따라서 만들 수 있는 정사각형의 한 변의 길이는 각각 7 cm, 8 cm, 9 cm, 10 cm, 11 cm, 12 cm, 13 cm이므로 크기가 서로 다른 7가지의 정사각형을 만들 수 있습니다.

(3) 한 변의 길이가 12 cm인 정사각형을 만들 수 있는 서로 다른 방법은 모두 몇 가지인지 구하고, 그 이유를 서술하시오.

　한 변의 길이가 12 cm인 정사각형의 둘레의 길이는 48 cm입니다.

　모든 막대들의 길이의 합은 55 cm이므로 55 cm − 48 cm = 7 cm입니다. 즉, 7 cm인 막대를 빼는 방법은 7 cm, 1 cm + 6 cm, 2 cm + 5 cm, 3 cm + 4 cm, 1 cm + 2 cm + 4 cm의 5가지입니다.

　이 중에서 정사각형을 만들 수 있는 경우는 7 cm인 막대 1개를 빼서

　2 cm + 10 cm = 3 cm + 9 cm = 4 cm + 8 cm = 5 cm + 6 cm + 1 cm로 만드는 방법과

　1 cm, 6 cm의 막대 2개를 빼서

　2 cm + 10 cm = 3 cm + 9 cm = 4 cm + 8 cm = 5 cm + 7 cm로 만드는 방법이 있습니다.

　따라서 만들 수 있는 서로 다른 방법은 2가지입니다.

6-1 다음 그림과 같이 양 끝각의 크기가 85°인 사다리꼴을 처음의 사다리꼴과 만날 때까지 이어 붙여 새로운 도형을 만들려고 합니다. 이때 필요한 사다리꼴의 개수를 구하고, 그 이유를 서술하시오.

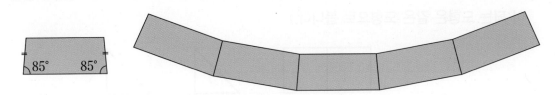

사다리꼴의 윗변의 양 끝각의 크기는 95°입니다.

사다리꼴을 이어 붙여 만든 새로운 도형의 한 내각의 크기는 사다리꼴 2개를 붙여 만든 도형의 한 외각의 크기와 같으므로 $360° - (95° + 95°) = 170°$입니다.

새로운 도형의 한 외각의 크기는 $180° - 170° = 10°$이므로 $360° \div 10° = 36$, 즉 삼십육각형이 만들어집니다.

따라서 사다리꼴을 이어 붙여 만든 새로운 도형의 변의 개수는 36개이므로 필요한 사다리꼴은 36개입니다.

> **해 설**
> 새로운 도형은 변의 길이가 모두 같고, 각의 크기도 모두 같으므로 정다각형입니다.

6-2 같은 크기의 정사각형 모양의 색종이 2장을 겹쳤을 때 생길 수 있는 다각형을 모두 찾고, 그때의 겹쳐진 모양을 그려 보시오.

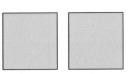

① 삼각형
② 사각형
③ 오각형
④ 육각형
⑤ 칠각형
⑥ 팔각형

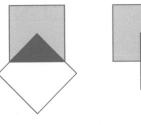
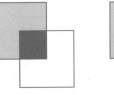

기출유형 ⑦ 주어진 조각으로 모양 만들기

다음 그림과 같이 크기가 같은 정사각형 2개가 연결된 도형 1개와 정사각형의 크기의 반인 직각삼각형 2개가 있습니다. 이 4개의 도형을 모두 이용하여 돌리거나 뒤집어 붙여서 만들 수 있는 새로운 도형을 20가지 이상 그리시오.(단, 돌리거나 뒤집었을 때 같은 모양이 되는 도형은 같은 도형으로 봅니다.)

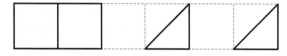

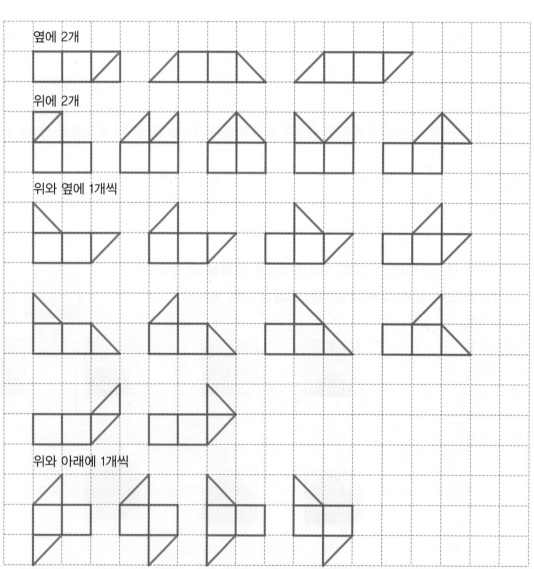

이외에도 새로운 도형을 더 많이 그릴 수 있습니다.

7 다음 그림과 같이 크기가 같은 정사각형 2개와 직각삼각형 2개가 있습니다. 이 4개의 도형을 모두 이용하여 돌리거나 뒤집어 붙여서 만들 수 있는 새로운 도형을 15가지 이상 그리시오. (단, 돌리거나 뒤집었을 때 같은 모양이 되는 도형은 같은 도형으로 봅니다.)

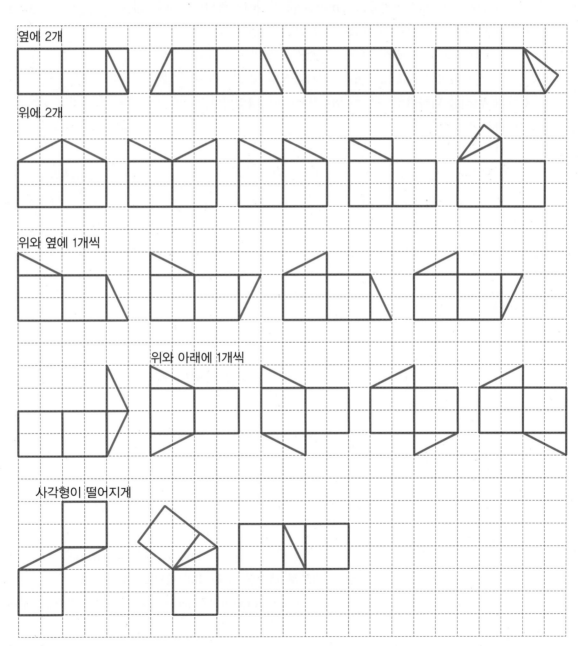

이외에도 새로운 도형을 더 많이 그릴 수 있습니다.

기출유형 ⑧ 다각형의 둘레의 길이와 넓이

대표문제

다음 그림은 정사각형의 각 변에 모양과 크기가 같은 직사각형 4개를 붙여 만든 도형입니다. 물음에 답하시오.

(1) 정사각형 ㄱㄴㄷㄹ의 둘레의 길이를 구하고, 그 이유를 서술하시오.

정사각형의 한 변의 길이를 □ cm라고 하고 직사각형의 짧은 변을 가로로, 긴 변을 세로로 생각하면

□＋(직사각형의 세로의 길이)－(직사각형의 가로의 길이)＝16

□＋(직사각형의 가로의 길이)－(직사각형의 세로의 길이)＝12

위의 두 식을 더하면 □＋□＝28이므로 □＝14입니다.

따라서 정사각형의 한 변의 길이가 14 cm이므로 정사각형의 둘레의 길이는 14×4＝56 (cm)입니다.

(2) 색칠된 직사각형의 세로의 길이와 가로의 길이의 차를 구하고, 그 이유를 서술하시오.

(1)에서 □＋(직사각형의 세로의 길이)－(직사각형의 가로의 길이)＝16이고 □＝14이므로 (직사각형의 세로의 길이)－(직사각형의 가로의 길이)＝2 (cm)입니다.

기출유형 연습

8-1 길이가 268 cm인 철사가 있습니다. 이 철사를 이용하여 가로의 길이가 세로의 길이보다 32 cm 더 긴 직사각형을 만들려고 합니다. 직사각형의 세로의 길이와 가로의 길이를 각각 구하고, 그 이유를 서술하시오.

길이가 268 cm인 철사로 직사각형을 만들려고 하므로 직사각형의 둘레의 길이는 268 cm입니다.

직사각형의 세로의 길이를 □ cm라고 하면 직사각형의 가로의 길이는 (□＋32) cm이므로

□＋□＋32＋□＋□＋32＝268, 4×□＝204, □＝51입니다.

따라서 직사각형의 세로의 길이는 51 cm이고, 가로의 길이는 51＋32＝83 (cm)입니다.

다른 풀이

(직사각형의 가로의 길이)＋(직사각형의 세로의 길이)＝268÷2＝134 (cm)이고 직사각형의 가로의 길이가 세로의 길이보다 32cm 더 길므로 빼주면 134－32＝102 (cm)입니다.

남은 102 cm를 반으로 나누면 102÷2＝51 (cm)이므로 직사각형의 세로의 길이는 51 cm이고 가로의 길이는 51＋32＝83 (cm)입니다.

8-2 다음 그림은 둘레의 길이가 24 cm인 직사각형 4개를 붙여서 만든 도형입니다. 이 도형에서 가장 큰 정사각형의 넓이는 몇 cm²인지 구하고, 그 이유를 서술하시오.

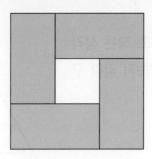

직사각형의 가로의 길이를 ○ cm, 세로의 길이를 ◇ cm라 하면 직사각형의 둘레의 길이가 24 cm이므로 2×○+2×◇=24, ○+◇=12입니다.

이때 가장 큰 정사각형의 한 변의 길이는 직사각형의 세로의 길이와 가로의 길이의 합과 같으므로 12 cm입니다.

따라서 가장 큰 정사각형의 넓이는 $12 \times 12 = 144$ (cm²)입니다.

8-3 다음 그림과 같이 크기가 같은 팔각형 8개가 겹쳐져 있습니다. 겹쳐진 부분의 넓이의 합이 32 cm²일 때, 색칠된 부분의 전체 넓이는 몇 cm²인지 구하고, 그 이유를 서술하시오.

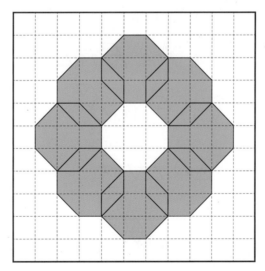

① 겹쳐진 부분의 평행사변형 1개의 넓이는 모눈종이 1칸에 해당하는 작은 정사각형 1개의 넓이와 같으므로 작은 정사각형 1개의 넓이는 $32 \div 8 = 4$ (cm²)입니다.

② 겹쳐지지 않는 부분의 넓이는 작은 정사각형 $5 \times 8 = 40$ (개)의 넓이와 같으므로 겹쳐지지 않는 부분의 넓이는 $4 \times 40 = 160$ (cm²)입니다.

따라서 색칠된 부분의 전체 넓이는 $160 + 32 = 192$ (cm²)입니다.

기출유형 ⑨ 크고 작은 도형의 개수

대표문제

오른쪽 도형에서 찾을 수 있는 크고 작은 삼각형과 평행사변형은 모두 몇 개 있는지 각각 구하고, 그 이유를 서술하시오.

(1) 찾을 수 있는 삼각형의 개수

① △ : 20개, ▽ : 13개

② △ : 13개, ▽ : 3개

③ △ : 7개 ④ △ : 3개 ⑤ △ : 1개

이므로 찾을 수 있는 삼각형의 개수는 20＋13＋13＋3＋7＋3＋1＝60 (개)입니다.

(2) 찾을 수 있는 평행사변형의 개수

① 삼각형 2개 : ◇13개, ▱13개, ▱13개

② 삼각형 4개 : ◇7개, ▱7개, ◇7개, ▱7개 ▱8개, ▱8개

③ 삼각형 6개 : ◇3개, ▱3개, ◇3개, ▱3개, ▱5개, ▱5개

④ 삼각형 8개 : △3개, ▱3개, ▱3개,

◇1개, ◇1개, ◇1개, ◇1개,

▱3개, ▱3개

⑤ 삼각형 10개 : ▱2개, ▱2개

⑥ 삼각형 12개 : ▱1개, ▱1개

이므로 찾을 수 있는 평행사변형의 개수는 13＋13＋13＋7＋7＋7＋7＋8＋8＋3＋3＋3＋3＋5＋5＋3＋3＋3＋1＋1＋1＋1＋3＋3＋2＋2＋1＋1＝130 (개)입니다.

9 다음 도형에서 찾을 수 있는 크고 작은 정사각형과 직사각형은 모두 몇 개인지 각각 구하고, 그 이유를 서술하시오.(단, 정사각형은 직사각형도 됩니다.)

(1)

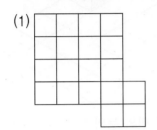

① 정사각형의 개수

□ : 19개, ⊞ : 10개

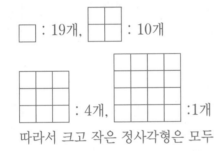

: 4개,   :1개

따라서 크고 작은 정사각형은 모두
$19+10+4+1=34$ (개)입니다.

② 직사각형의 개수

㉠ 색칠한 부분의 직사각형의 개수

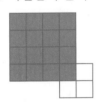

가로 한 줄에서 찾을 수 있는 직사각형의 개수는 10개, 세로 한 줄에서 찾을 수 있는 직사각형의 개수는 10개
이므로 $10×10=100$ (개)입니다.

㉡ 색칠한 부분을 포함한 직사각형의 개수

색칠한 부분을 포함하는 직사각형의 개수는 14개입니다.

따라서 크고 작은 모든 직사각형은 모두
$100+14=114$ (개)입니다.

(2)

① 정사각형의 개수

정사각형 1개로 된 정사각형은 24개
정사각형 4개로 된 정사각형은 14개
정사각형 9개로 된 정사각형은 6개
정사각형 16개로 된 정사각형은 1개
따라서 크고 작은 정사각형은 모두
$24+14+6+1=45$ (개)입니다.

② 직사각형의 개수

정사각형 1개로 된 직사각형은 24개
정사각형 2개로 된 직사각형은 37개
정사각형 3개로 된 직사각형은 26개
정사각형 4개로 된 직사각형은 29개
정사각형 5개로 된 직사각형은 6개
정사각형 6개로 된 직사각형은 21개
정사각형 8개로 된 직사각형은 10개
정사각형 9개로 된 직사각형은 6개
정사각형 10개로 된 직사각형은 3개
정사각형 12개로 된 직사각형은 6개
정사각형 16개로 된 직사각형은 1개
따라서 크고 작은 직사각형은 모두
169개입니다.

기출유형 ⑩ 주사위

대표문제

정육면체 모양의 주사위의 각 면에 1에서 6까지의 눈이 각각 하나씩 그려져 있고, 마주 보는 두 면의 눈의 수의 합은 모두 7로 같습니다. 오른쪽 그림과 같은 주사위 판 위에 주사위를 놓고 길을 따라 굴려서 ☆ 표시된 위치까지 옮기려고 합니다. ☆ 표시된 위치에서 주사위 윗면의 눈의 수가 얼마인지 구하고, 그 이유를 서술하시오.

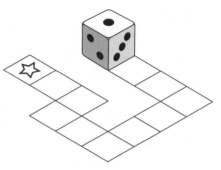

마주 보는 두 면의 주사위의 눈의 수의 합은 7이므로 1과 마주 보는 면의 눈의 수는 6, 3과 마주 보는 면의 눈의 수는 4, 2와 마주 보는 눈의 수는 5입니다.

① 주사위 판의 한 칸 건너편 칸에는 마주 보는 면의 눈의 수가 나옵니다.

② $\llcorner$ 형태로 움직이면 같은 면의 눈의 수가 나옵니다.

③ $\ulcorner$ 형태로 움직이면 마주 보는 면의 눈의 수가 나옵니다.

위의 규칙을 이용하여 도착 지점에서 거꾸로 알 수 있는 주사위 윗면의 눈의 수를 표시하면 오른쪽 그림과 같습니다.(☆는 도착 지점의 윗면의 눈의 수, ★는 도착 지점 윗면과 마주 보는 면의 눈의 수를 나타냅니다.)

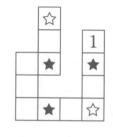

출발 지점 바로 옆 칸은 3과 마주 보는 면의 눈의 수인 4가 되므로 도착 지점의 윗면의 눈의 수는 3입니다.

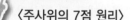
핵심 개념

〈주사위의 7점 원리〉

일반적인 주사위의 마주 보는 두 면의 눈의 수의 합은 항상 7이 되므로 1과 마주 보는 면의 눈의 수는 6, 2와 마주 보는 면의 눈의 수는 5, 3과 마주 보는 면의 눈의 수는 4입니다.

〈주사위 굴리기〉

① I자 규칙 : 그림과 같이 한 칸 건너편 칸에는 마주 보는 면의 눈이 나옵니다.

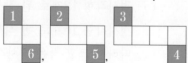

| 1 | | 6 | , | 2 | | 5 | , | 3 | | 4 |

② N자 규칙 : 그림과 같이 $\llcorner$ (또는 $\ulcorner$) 형태로 주사위를 굴리면 마주 보는 면의 눈이 나옵니다.

③ U자 규칙 : 그림과 같이 $\lrcorner$ (또는 $\llcorner$) 형태로 주사위를 굴리면 처음과 같은 면의 눈이 나옵니다.

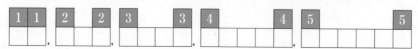

10-1 다음은 마주 보는 두 면의 눈의 수의 합이 7인 주사위 6개를 이어 붙여 만든 모양입니다. 주사위 2개가 서로 맞닿은 면의 눈의 수의 합이 항상 7이라고 할 때, ✡에 알맞은 눈의 수를 구하고, 그 이유를 서술하시오.

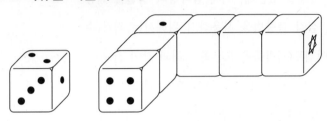

4와 마주 보는 면의 눈의 수는 3이고, 3과 맞닿는 면의 눈의 수는 4입니다.
윗면의 눈의 수가 1일 때, 1과 4가 적힌 면의 오른쪽 면의 눈의 수는 2입니다.
2와 맞닿는 면의 눈의 수는 5이고, 5와 마주 보는 면의 눈의 수는 2입니다.
따라서 ✡에 알맞은 눈의 수는 2입니다.

10-2 오른쪽은 마주 보는 두 면의 눈의 수의 합이 7인 주사위 6개를 쌓아서 만든 모양입니다. 바닥면을 포함한 겉면의 눈의 수의 합이 가장 클 때의 값과 가장 작을 때의 값을 각각 구하고, 그 이유를 서술하시오.

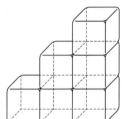

(1) 겉면의 눈의 수의 합이 가장 클 때

① 겉면의 눈의 수의 합이 가장 크려면 보이지 않는 면에 가장 작은 숫자들이 있어야 합니다. 또, 1과 마주 보는 면의 눈의 수인 6이 겉면에 보이도록 오른쪽 그림과 같이 주사위를 쌓습니다.

② 한 주사위의 모든 면의 눈의 수의 합이 $7 \times 3 = 21$이므로 주사위 6개의 모든 눈의 수의 합은 $21 \times 6 = 126$입니다.

③ 보이지 않는 면의 눈의 수의 합은
$1+2+1+1+2+5+1+2+1+5+1+2=24$입니다.
따라서 겉면의 눈의 수의 합은 $126-24=102$입니다.

(2) 겉면의 눈의 수의 합이 가장 작을 때

① 겉면의 눈의 수의 합이 가장 작으려면 보이지 않는 면에 가장 큰 숫자들이 있어야 합니다. 또, 6과 마주 보는 면의 눈의 수인 1이 겉면에 보이도록 오른쪽 그림과 같이 주사위를 쌓습니다.

② 한 주사위의 모든 면의 눈의 수의 합이 $7 \times 3 = 21$이므로 주사위 6개의 모든 눈의 수의 합은 $21 \times 6 = 126$입니다.

③ 보이지 않는 면의 눈의 수의 합은
$6+2+6+6+5+5+6+2+6+5+6+5=60$입니다.
따라서 겉면의 눈의 수의 합은 $126-60=66$입니다.

수직과 평행

고대 바빌로니아와 이집트에서는 피라미드와 같은 큰 건물을 짓거나 나일강의 범람으로 토지를 다시 나누기 위해 측량을 했는데, 이때 삼각형의 성질을 이용하는 삼각 측량법 사용하였습니다. 삼각 측량법을 사용하기 위해서는 직각(수직) 삼각형을 그려야 하는데, 고대 이집트 사람들은 오른쪽 그림과 같이 긴 끈을 12등분으로 매듭을 지어 매듭의 간격을 3마디, 4마디, 5마디의 간격으로 세 사람이 끈을 잡아 당겨 직각을 찾아 삼각형을 그렸다고 합니다.

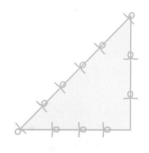

또, 건물을 지을 때도 지면과 수직이 되지 않으면 건물이 넘어질 우려가 있기 때문에 건물의 수직을 측정해야 하는데 오른쪽 사진과 같은 수직추라는 도구를 이용하여 측정합니다. 지혜로운 우리 조상들은 옛날부터 무겁고 뾰족한 추를 끈에 매달아 높은 곳에서 땅으로 떨어 뜨려 수직을 찾았습니다. 이렇게 찾은 수직은 안전한 건물을 짓도록 도와주고, 건물의 높이를 측정할 때, 물의 수심을 잴 때 등에도 사용됩니다.

〈수직추〉

요즘 우리는 삼각자를 이용하여 쉽게 수직(직각)을 찾고, 평행선을 그릴 수 있습니다. 하지만 예전에 사용했던 삼각자는 지금과 같은 모양이 아니었다고 합니다. 빗변이 없는 직각자 형태였는데, 이때의 삼각자는 선을 긋는 것보다 특수한 각도를 구하기 위해 사용되었습니다.

삼각자는 영어로 'set square'라고 합니다. 삼각자는 두 종류로 구성되는데 그 이유는 다음 그림과 같이 정삼각형과 정사각형을 각각 이등분하여 두 종류의 직각삼각형을 얻을 수 있기 때문입니다. 정삼각형을 이등분하면 합동인 두 직각삼각형이 되는데 이 직각삼각형은 두 내각의 크기가 각각 30°, 60°인 직각삼각형이고, 오늘날 삼각자의 한 모양이 되었습니다.

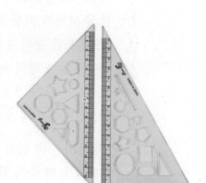

또, 정사각형의 한 대각선을 그으면, 합동인 두 직각삼각형으로 나눠지는데 이 직각삼각형은 한 내각의 크기가 45°인 직각삼각형이 되고, 오늘날 삼각자의 또 다른 모양이 됩니다.

따라서 삼각자를 이용하면 30°, 45°, 60°, 90°의 특수한 각도를 알아낼 수 있습니다.

현재는 삼각자를 길이 재기, 선 긋기, 직각 찾기, 평행선 그리기 등의 다양한 용도로 사용하지만 예전에는 선 긋기보다는 특수한 각도를 쉽게 찾아 쓰기 위해 사용했다고 할 수 있습니다.

1 다음과 같은 2개의 삼각자로 잴 수 있는 각의 크기는 모두 몇 가지인지 구하고, 그 이유를 서술하시오.

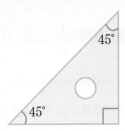

① 삼각자에서 바로 잴 수 있는 각 : 30°, 45°, 60°, 90°

② 2개의 삼각자에서 각의 크기를 합쳐서 잴 수 있는 각 : 30°+45°=75°, 30°+90°=120°, 45°+60°=105°, 45°+90°=135°, 60°+90°=150°, 90°+90°=180°

③ 2개의 삼각자에서 각의 크기를 빼서 잴 수 있는 각 : 60°−45°=45°−30°=15°

따라서 2개의 삼각자로 잴 수 있는 각의 크기는 15°, 30°, 45°, 60°, 75°, 90°, 105°, 120°, 135°, 150°, 180°로 11가지입니다.

2 빛이 거울을 반사할 때의 입사각과 반사각의 크기는 같습니다. 다음 그림과 같이 2개의 거울의 사이의 각의 크기가 10°가 되도록 붙어 있습니다. 밑면에 있는 거울의 한 점 A에서 위쪽에 있는 거울의 한 점 B로 40°가 되도록 빛을 발사하였습니다. 이 빛은 두 거울 사이를 차례대로 반사되다가 다시 점 A로 되돌아온다고 합니다. 점 A로 되돌아올 때까지 몇 번 반사되었는지 구하고, 그 이유를 서술하시오.

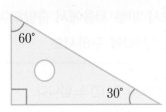

① 점 B에서 밑면의 거울과 평행한 보조선을 그으면 10°의 동위각과 40°의 엇각이 생기므로 각 OPA의 크기는 50°입니다.

② 입사각과 반사각의 크기가 같으므로 각 DBC의 크기는 50°이고, 각 ABC의 크기는 180°−50°−50°=80°입니다.

③ 삼각형 ABC에서 각 BCA의 크기는 180°−40°−80°=60°입니다.

③ 점 D에서 밑면의 거울과 평행한 보조선을 그으면 10°의 동위각과 60°의 엇각이 생기므로 각 BDC의 크기는 70°입니다.

④ 이와 같은 방법으로 90°가 될 때까지 계속해서 각을 구하면 위 그림에서 A → B → C → D → E → F → E → D → C → B → A의 순서로 반사되는 것을 알 수 있습니다.

따라서 점 A로 돌아올 때까지 모두 9번 반사되었습니다.

기출유형 ① 조건 읽고 해결하기

대표문제

1월 7일 오후 2시 30분 서울에서 출발하여 뉴욕을 거쳐 런던으로 갈 때, 다음 조건을 읽고 런던에 도착하는 시각을 구하시오.

▷ 런던은 방콕보다 7시간 느립니다.   ▷ 뉴욕은 방콕보다 12시간 느립니다.

▷ 방콕은 서울보다 2시간 느립니다.   ▷ 파리는 뉴욕보다 6시간 빠릅니다.

▷ 서울에서 뉴욕까지 비행기로 가면 13시간 30분이 걸립니다.

▷ 뉴욕에서 2시간 45분 후에 런던행 비행기를 탈 수 있습니다.

▷ 뉴욕에서 런던까지 비행기로 가면 6시간 40분이 걸립니다.

① 서울과 런던의 시차는 서울과 방콕, 방콕과 런던의 시차를 이용하여 구합니다. 방콕은 서울보다 2시간 느리고, 런던은 방콕보다 7시간 느리므로 런던은 서울보다 9시간 느립니다. 따라서 현재 런던의 시각은 1월 7일 오전 5시 30분입니다.

② 서울을 출발하여 뉴욕을 거쳐 런던까지 가는 데 걸리는 시간은
(서울에서 뉴욕까지의 비행 시간)＋(뉴욕에서의 대기 시간)＋(뉴욕에서 런던까지의 비행시간)
＝13시간 30분＋2시간 45분＋6시간 40분＝22시간 55분입니다.

따라서 런던에 도착하는 시각은 1월 8일 오전 4시 25분입니다.

기출유형 연습

1-1 토끼가 거북이를 쫓아갑니다. 첫 번째 측정할 때는 거북이가 토끼보다 60 m 앞에 있었고, 5분 후 두 번째 측정할 때는 거북이가 토끼보다 35 m 앞에 있었습니다. 토끼가 거북이를 추월하는 것은 두 번째 측정하고 나서 몇 분 후인지 구하고, 그 이유를 서술하시오.

토끼는 거북이를 5분 동안 60－35＝25 (m)를 쫓아갔으므로 1분에 5 m를 쫓아갈 수 있습니다.
따라서 두 번째 측정할 때 거북이가 토끼보다 35 m 앞에 있으므로 35÷5＝7, 즉 7분 후에 토끼가 거북이를 추월할 수 있습니다.

1-2 올해 형은 16살, 동생은 11살입니다. 두 사람의 나이의 합이 47살이 되는 해는 몇 년 후인지 구하고, 그 이유를 서술하시오.

형과 동생의 나이의 차는 5살이고, 몇 년이 지난 후도 두 사람의 나이의 차는 변함이 없으므로 두 사람의 나이를 같게 만들어 줍니다. 즉, (47－5)÷2＝21이므로 몇 년 후 동생의 나이는 21살이고, 5살 많은 형은 26살이면 두 사람의 나이의 합이 47살이 됩니다. 따라서 10년 후입니다.

1-3 누나의 9년 전 나이는 동생의 3년 후 나이와 같고, 누나의 7년 전 나이와 7년 후 나이의 합은 34살입니다. 14년 후 두 사람 나이의 합을 구하고, 그 이유를 서술하시오.

누나의 9년 전 나이는 동생의 3년 후 나이와 같으므로 누나와 동생의 나이의 차는 12살입니다.
누나의 현재 나이를 ◇살이라 하면 ◇-7+◇+7=34, ◇=17이므로 현재의 누나의 나이는 17살이고 동생의 나이는 5살입니다. 따라서 14년 후 누나의 나이는 31살, 동생의 나이는 19살이 되므로 이때 두 사람의 나이의 합은 31+19=50 (살)입니다.

1-4 올해 아버지는 45살이고, 아들은 12살입니다. 아버지의 나이가 아들의 2배가 되는 해는 몇 년 후인지 구하고, 그 이유를 서술하시오.

(아버지와 아들의 나이의 차)=45-12=33 (살)
몇 년이 지나더라도 두 사람의 나이의 차는 변하지 않으므로 아들이 33살이 되면 아버지는 33+33=66 (살)이 되어 아버지의 나이가 아들의 나이의 2배가 됩니다.
따라서 아버지의 나이가 아들의 나이의 2배가 되는 해는 33-12=21, 즉 21년 후입니다.

1-5 올해 아버지, 어머니, 누나, 동생 나이의 합은 124살이고, 아버지는 어머니보다 4살이 많습니다. 17년 후 아버지, 어머니, 누나, 동생의 나이의 합은 누나와 동생의 나이의 합의 3배가 된다고 할 때, 올해 어머니의 나이를 구하고, 그 이유를 서술하시오.

17년 후에는 4명은 모두 17살씩 많아지므로 4명의 나이의 합은 124+17×4=192 (살)입니다.
17년 후 4명의 나이의 합은 누나와 동생의 나이의 합의 3배가 되므로 17년 후 누나와 동생의 나이의 합은 192÷3=64 (살)입니다.
올해 누나와 동생의 나이의 합은 64-34=30 (살)이므로 올해 아버지와 어머니의 나이의 합은 124-30=94 (살)입니다.
아버지와 어머니의 나이의 차가 4살이므로 올해 어머니의 나이를 □살이라 하면 아버지의 나이는 (□+4)살이므로 □+□+4=94, □+□=90, □=45입니다.
따라서 올해 어머니의 나이는 45살입니다.

1-6 16년 전 아버지의 나이는 아들의 나이의 3배보다 3살이 많았고, 올해는 아들의 나이의 2배라고 합니다. 올해의 아들과 아버지의 나이를 각각 구하고, 그 이유를 서술하시오.

올해 아들의 나이를 □살이라 하면 아버지의 나이는 (□+□)살입니다.
16년 전 아들의 나이는 (□-16)살이고, 아버지의 나이는 (□+□-16)살입니다.
16년 아들의 나이의 3배는 3×(□-16)=□+□+□-48 (살)이고, 이것은 16년 전의 아버지의 나이보다 3살 적은 (□+□-19)살과 같습니다.
즉, □+□+□-48=□+□-19, □=29이므로 올해 아들의 나이는 29살이고, 아버지의 나이는 58살입니다.

기출유형 ② 거꾸로 생각하기

대표문제

혜나와 은빈이가 가위바위보로 구슬 내기를 하고 있습니다. 진 사람은 이긴 사람에게 자신이 가지고 있는 구슬의 절반보다 2개를 더 주기로 했습니다. 처음에는 혜나가 이겼고, 두 번째는 은빈이가 이겼습니다. 이 규칙대로 구슬을 주고 받은 후, 혜나는 구슬 22개를, 은빈이는 구슬 50개를 가지게 되었습니다. 혜나와 은빈이는 처음에 각각 몇 개의 구슬을 가지고 있었는지 구하고, 그 이유를 서술하시오.

표를 그려 거꾸로 생각합니다. 구슬의 합의 개수는 변하지 않습니다.

(구슬의 합의 개수)＝22＋50＝72 (개)

	처음	혜나 승리		은빈 승리		끝난 후
혜나	20개	←	48개	←		22개
은빈	52개	은빈＝(24＋2)×2	24개	혜나＝(22＋2)×2		50개

따라서 처음에 혜나는 20개, 은빈이는 52개의 구슬을 가지고 있었습니다.

기출유형 연습

2-1 떡장수 할머니가 시장에서 하루 종일 떡을 팔고 남은 떡을 들고 집으로 돌아가고 있었습니다. 늦은 밤 세 개의 고개를 넘어 가는 데 고개마다 호랑이를 차례로 한 마리씩 모두 세 마리를 만났습니다. 할머니는 호랑이에게 갖고 있는 떡의 절반과 떡 1개씩을 더 주고서야 풀려날 수 있었습니다. 간신히 집에 도착했을 때 할머니가 갖고 있는 떡은 3개뿐이었다면 처음에 떡장수 할머니가 시장에서 팔고 남은 떡은 몇 개였는지 구하고, 그 이유를 서술하시오.

그림을 그려 거꾸로 생각합니다.

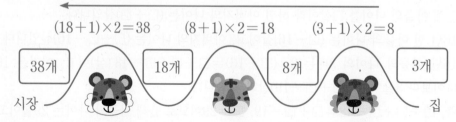

$(18+1) \times 2 = 38 \qquad (8+1) \times 2 = 18 \qquad (3+1) \times 2 = 8$

| 38개 | | 18개 | | 8개 | | 3개 |

시장 ⟶ 집

따라서 처음에 떡장수 할머니가 시장에서 팔고 남은 떡은 모두 38개입니다.

2-2 은영, 은혜, 은정이 세 자매는 설날 아침 세뱃돈을 받은 뒤 다음과 같은 규칙으로 놀이를 하였습니다.

> **규칙** 먼저 은영이가 은혜와 은정이에게 그들이 가지고 있는 만큼의 돈을 주었습니다. 그러자 은혜도 은영이와 은정이가 가진 만큼의 돈을 그들에게 주었습니다. 마지막으로, 은정이도 은영이와 은혜에게 그들이 가진 만큼의 돈을 주었습니다.
> 놀이가 끝난 후, 세 자매는 모두 각각 32000원씩 가지게 되었습니다.

처음에 세 자매는 각각 얼마를 가지고 있었는지 구하고, 그 이유를 서술하시오

표를 그려 거꾸로 생각합니다. 세 자매가 가지고 있는 돈의 합은 변하지 않습니다.

(세 자매가 가지고 있는 돈의 합)$=32000 \times 3 = 96000$ (원)

	처음	은영이가 돈을 나눠줌		은혜가 돈을 나눠줌		은정이가 돈을 나눠줌	끝난 후
은영	52000원		8000원		16000원		32000원
은혜	28000원	은혜 = 56000÷2	56000원	은영 = 16000÷2	16000원	은영 = 32000÷2	32000원
은정	16000원	은정 = 32000÷2	32000원	은정 = 64000÷2	64000원	은혜 = 32000÷2	32000원

따라서 처음에 은영이는 52000원, 은혜는 28000원, 은정이는 16000원을 가지고 있었습니다.

2-3 A 그릇, B 그릇에 물이 들어 있는데 A 그릇에는 B 그릇보다 많은 양의 물이 들어 있습니다. 다음과 같은 순서로 물을 옮겨 담았을 때, 두 그릇에 남아 있는 물의 양이 64 L로 같아졌습니다.

> **순서**
> 1. A 그릇에서 B 그릇에 들어 있는 양만큼의 물을 퍼내어 B 그릇으로 옮겨 담았습니다
> 2. B 그릇에서 A 그릇에 남아 있는 양만큼의 물을 퍼내어 A 그릇으로 옮겨 담았습니다.
> 3. A 그릇에서 현재 B 그릇에 남아 있는 양만큼의 물을 퍼내어 B 그릇으로 옮겨 담았습니다.

A 그릇과 B 그릇에 들어 있던 처음의 물의 양은 각각 얼마인지 구하고, 그 이유를 서술하시오.

표를 그려 거꾸로 생각합니다. 두 그릇의 물의 양의 합은 변하지 않습니다.

(두 그릇의 물의 양의 합)=(A 그릇의 물의 양)+(B 그릇의 물의 양)$=64+64=128$ (L)

	처음	A → B		B → A		A → B	끝난 후
A 그릇	88 L		48 L		96 L		64 L
B 그릇	40 L	80÷2=40	80 L	96÷2=48	32 L	64÷2=32	64 L

따라서 처음에 A 그릇에는 88 L, B 그릇에는 40 L의 물이 들어 있었습니다.

Ⅲ. 규칙과 문제해결
기출유형 ③ 패턴

대표문제

오른쪽과 같이 원형으로 나열된 숫자판 위에서 개구리는 홀수가 적힌 칸에서는 앞으로 2칸씩, 짝수가 적힌 칸에서는 뒤로 3칸씩 이동합니다. 개구리가 1이 적힌 칸에서 출발하여 시계 방향으로 돌 때, 이 규칙을 2000번 반복한 뒤 개구리가 있는 칸에 적힌 숫자는 무엇인지 구하고, 그 이유를 서술하시오.

개구리가 이동한 칸에 적힌 숫자를 나열합니다.

1, 3, 5, 7, 2, 6, 3, 5, 7, 2, 6, 3, 5, 7, 2, 6, 3, 5, 7, 2, 6, …

1을 제외하고 3, 5, 7, 2, 6이 반복되므로 패턴의 마디는 (3, 5, 7, 2, 6)입니다. 패턴의 마디는 5개의 숫자가 있으므로 (2000−1)÷5=399…4입니다.

따라서 나머지가 4이므로 2000번 반복한 뒤 개구리가 있는 칸에 적힌 숫자는 패턴의 마디의 네 번째 수인 2입니다.

기출유형 연습

3-1 다음 그림은 일정한 규칙으로 색칠한 것입니다. 7번째, 8번째, 9번째 그림을 그리시오.

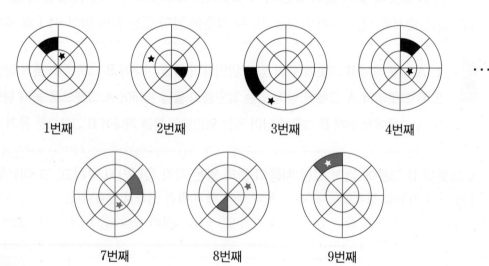

1번째   2번째   3번째   4번째   …

7번째   8번째   9번째

해 설

색칠된 칸은 한 번 이동 시 시계 방향으로 3칸, 안쪽으로 1칸 움직이며, ☆은 한 번 이동 시 반시계 방향으로 2칸, 바깥쪽으로 1칸씩 움직입니다.

3-2 다음과 같이 손가락을 세어 나갈 때 1273은 어느 손가락이 되는지 구하고, 그 이유를 서술하시오.

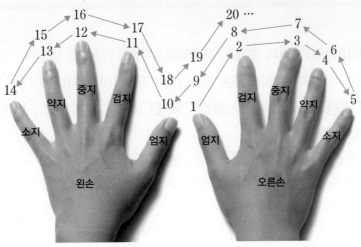

패턴의 마디를 구합니다.

오른손(엄, 검, 중, 약, 소, 약, 중, 검, 엄), 왼손(엄, 검, 중, 약, 소, 약, 중, 검, 엄), 오른손(엄, 검, 중, 약, 소, 약, 중, 검, 엄), …의 순서로 세어 나가므로 패턴의 마디는 오른손(엄, 검, 중, 약, 소, 약, 중, 검, 엄), 왼손(엄, 검, 중, 약, 소, 약, 중, 검, 엄)입니다.

1부터 18까지가 패턴의 마디이므로 $1273 \div 18 = 70 \cdots 13$입니다.

따라서 나머지가 13이므로 1273은 열세 번째 손가락, 즉 왼손 약지가 됩니다

3-3 다음 그림과 같이 0부터 6까지의 숫자가 같은 간격으로 적힌 숫자판이 있습니다. 이 숫자판 위를 개구리가 0이 적힌 칸에서 출발하여 시계 방향으로 4칸씩 뛰어 가고 있습니다. 3000번 이동한 뒤 개구리가 있는 칸에 적힌 숫자는 무엇인지 구하고, 그 이유를 서술하시오.

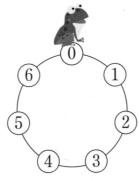

개구리가 있는 칸에 적힌 숫자를 나열합니다.

0, 4, 1, 5, 2, 6, 3, 0, 4, 1, 5, 2, 6, 3, 0, 4, 1, 5, 2, 6, 3, …

0, 4, 1, 5, 2, 6, 3이 반복되므로 패턴의 마디는 (0, 4, 1, 5, 2, 6, 3)입니다. 패턴의 마디는 7개의 숫자가 있으므로 $3000 \div 7 = 428 \cdots 4$입니다.

따라서 나머지가 4이므로 3000번 이동한 뒤 개구리는 있는 칸에 적힌 숫자는 패턴의 마디의 네 번째 수인 5입니다.

기출유형 ④ 식을 이용하기

대표문제

어미 고양이 13마리와 새끼 고양이 4마리의 무게의 합은 43 kg이고, 어미 고양이 4마리와 새끼 고양이 13마리의 무게의 합은 25 kg입니다. 어미 고양이와 새끼 고양이의 무게는 각각 얼마인지 구하고, 그 이유를 서술하시오.(단, 어미 고양이끼리, 새끼 고양이끼리의 무게는 각각 서로 같습니다.)

주어진 두 조건을 식으로 나타내면

(어미 고양이 13마리의 무게)+(새끼 고양이 4마리의 무게)=43 (kg)

(어미 고양이 4마리의 무게)+(새끼 고양이 13마리의 무게)=25 (kg)

따라서 (어미 고양이 17마리의 무게)+(새끼 고양이 17마리의 무게)=68 (kg) …☆입니다.

☆을 17로 나누면 (어미 고양이 1마리의 무게)+(새끼 고양이 1마리의 무게)=4 (kg)입니다.

(어미 고양이 4마리의 무게)+(새끼 고양이 4마리의 무게)=16 (kg)이므로 이것을 두 번째 조건에서 빼면 새끼 고양이 9마리의 무게는 9 kg입니다.

따라서 새끼 고양이 1마리의 무게는 1 kg이고, 어미 고양이 1마리의 무게는 3 kg입니다.

기출유형 연습

4-1 길이가 서로 다른 3개의 자 A, B, C가 있습니다. 두 자 A와 B의 길이를 더하면 23 cm이고, 두 자 B와 C의 길이를 더하면 30 cm이고, 두 자 A와 C의 길이를 더하면 27 cm라고 합니다. 이 3개의 자의 길이를 각각 구하고, 그 이유를 서술하시오.

주어진 조건을 식으로 나타내면

(자 A의 길이)+(자 B의 길이)=23 (cm), (자 B의 길이)+(자 C의 길이)=30 (cm),

(자 A의 길이)+(자 C의 길이)=27 (cm)입니다.

위의 조건을 모두 더하면 2×{(자 A의 길이)+(자 B의 길이)+(자 C의 길이)}=80 (cm)이므로

(자 A의 길이)+(자 B의 길이)+(자 C의 길이)=40 (cm)…☆입니다.

따라서 ☆에서 위의 세 식을 각각 빼면 자 A의 길이는 10 cm, 자 B의 길이는 13 cm, 자 C의 길이는 17 cm입니다.

4-2 단감 7개와 귤 4개의 가격은 10720원이고 단감 4개와 귤 7개의 가격은 10180원입니다. 10명에게 단감 1개와 귤 2개를 나누어 주려고 할 때, 필요한 총 금액은 얼마인지 구하고, 그 이유를 서술하시오.

주어진 조건을 식으로 나타내면

(단감 7개의 가격)＋(귤 4개의 가격)＝10720 (원), (단감 4개의 가격)＋(귤 7개의 가격)＝10180 (원)

따라서 (단감 11개의 가격)＋(귤 11개의 가격)＝20900 (원)… ✿입니다.

✿을 11로 나누면 (단감 1개의 가격)＋(귤 1개의 가격)＝1900 (원)입니다.

(단감 4개의 가격)＋(귤 4개의 가격)＝4×1900＝7600 (원)이므로 첫 번째 조건에서 빼면 단감 3개의 가격은 3120원입니다. 즉, 단감 1개의 가격은 1040원이므로 귤 1개의 가격은 860원입니다.

따라서 (단감 1개의 가격)＋(귤 2개의 가격)＝1040＋2×860＝2760 (원)이므로 10명에게 나누어 주려면 10×2760＝27600 (원)이 필요합니다.

4-3 호수 둘레로 원형의 산책로가 있고, 이 산책로의 길이는 500 m입니다. 아빠와 아들이 같은 곳에서 출발하여 같은 방향으로 산책로를 따라 걷습니다. 아들은 10분에 250 m의 속력으로 걷고, 아빠는 10분에 750 m의 속력으로 걷습니다. 아빠가 아들보다 한 바퀴를 더 돌아 아들을 만나게 되면 아빠는 방향을 바꾸어 반대 방향으로 걷습니다. 아빠와 아들이 두 번 만났을 때, 아들은 몇 m를 걸었는지 구하고, 그 이유를 서술하시오.

아들은 10분에 250 m의 속력으로 걸으므로 1분에 25 m를 걷고, 아빠는 10분에 750 m의 속력으로 걸으므로 1분에 75 m를 걷습니다.

아빠는 아들보다 10분에 500 m를 더 많이 걸으므로 10분 동안 걸으면 아들보다 한 바퀴 더 돌아 아빠와 아들은 첫 번째로 만나게 되고, 아빠는 방향을 바꾸어 반대 방향으로 걷습니다.

아빠가 방향을 바꾸어 반대 방향으로 걸으면 아빠와 아들은 1분에 100 m씩 가까워지므로 5분 후 아빠와 아들이 두 번째로 만날 수 있습니다.

따라서 아빠와 아들이 두 번 만나는 데 15분이 걸렸으므로 아들은 25×15＝375 (m)를 걸었습니다.

4-4 6잔의 오렌지 주스를 만들려면 4개의 오렌지가 필요합니다. 13잔의 오렌지 주스를 만드는 데 필요한 오렌지는 몇 개인지 구하고, 그 이유를 서술하시오.

6잔의 오렌지 주스를 만드는 데 4개의 오렌지가 필요하므로 2개의 오렌지로 3잔의 오렌지 주스를 만들 수 있고, 8개의 오렌지로 12잔의 오렌지 주스를 만들 수 있습니다.

따라서 남은 1잔을 만드는 데 필요한 오렌지 개수만 구하면 됩니다.

오렌지 2개로 3잔의 오렌지 주스를 만들 수 있으므로 🥧🥧와 같이 오렌지 2개를 3등분하면

오렌지 주스 1잔을 만드는 데 필요한 오렌지는 $\frac{1}{3}+\frac{1}{3}=\frac{2}{3}$ (개)입니다.

따라서 13잔의 오렌지 주스를 만드는 데 필요한 오렌지는 $8+\frac{2}{3}=8\frac{2}{3}$ (개)입니다.

> **해설**
>
> 오렌지의 개수는 자연수로 나타낼 수 있어서 필요한 오렌지는 9개라고도 쓸 수 있습니다.

기출유형⑤ 수 규칙

대표문제

다음은 일정한 규칙으로 수를 나열한 것입니다. □ 안에 알맞은 수를 써넣고, 규칙을 서술하시오.

$$1, \ 1, \ 2, \ 3, \ 4, \ 5, \ 8, \ 7, \ 16, \ 9, \ 32, \ \boxed{11}, \ \boxed{64}, \ 13, \ \cdots$$

① 짝수 번째 수만 나열해 보면 1, 3, 5, 7, 9, □, 13, …이 됩니다.

즉, 홀수를 차례대로 나열한 규칙(또는 1부터 2씩 커지는 규칙)이 있으므로 첫 번째 □ 안에 알맞은 수는 11입니다.

② 홀수 번째 수만 나열해 보면 1, 2, 4, 8, 16, 32, □, …가 됩니다.

즉, 앞의 수보다 2배씩 커지는 규칙이 있으므로 두 번째 □ 안에 알맞은 수는 64입니다.

기출유형 연습

5-1 다음은 일정한 규칙으로 수를 나열한 것입니다. □ 안에 알맞은 수를 써넣고, 규칙을 서술하시오.

$$1, \ 1, \ 4, \ 1, \ 9, \ 2, \ 16, \ 3, \ 25, \ 5, \ 36, \ \boxed{8}, \ \boxed{49}, \ 13 \ \cdots$$

① 짝수 번째 수만 나열해 보면 1, 1, 2, 3, 5, □, 13, …이 됩니다.

즉, 앞의 두 수를 더해 뒤의 수가 되는 규칙이 있으므로 첫 번째 □ 안에 알맞은 수는 $3+5=8$입니다.

② 홀수 번째 수만 나열해 보면 1, 4, 9, 16, 25, 36, □, …가 됩니다.

즉, 더해지는 수가 3, 5, 7, 9, 11, …의 순서로 2씩 커지는 규칙이 있으므로 두 번째 □ 안에 알맞은 수는 $36+13=49$입니다.

다른 풀이

1부터 1씩 커지는 수를 두 번 곱해서 나열한 규칙이 있으므로 $1\times1=1$, $2\times2=4$, $3\times3=9$, $4\times4=16$, $5\times5=25$, $6\times6=36$, $7\times7=49$이므로 두 번째 □ 안에 알맞은 수는 49입니다.

5-2 다음과 같은 규칙으로 수가 적혀 있습니다. (③, ❷)는 6을 나타낼 때, (⑨, ❾)를 구하고, 그 이유를 서술하시오.

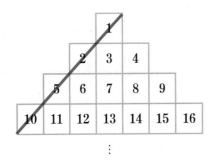

대각선의 수가 1, 3, 7, 13, …으로 더해지는 수가 2, 4, 6, …의 순서로 2씩 커지는 규칙입니다.

(⑨, ❾)는 대각선의 9번째 수이므로 이 수를 구하면 $13+8+10+12+14+16=73$입니다.

$(13+8=21, 21+10=31, 31+12=43, 43+14=57,$
$57+16=73)$

따라서 (⑨, ❾)는 73입니다.

5-3 다음과 같은 규칙으로 수가 적혀 있습니다. 위에서부터 11번째 줄의 가장 왼쪽에 적혀 있는 수를 구하고, 그 이유를 서술하시오.

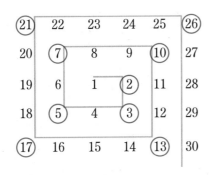

가장 왼쪽에 적혀 있는 수가 1, 2, 5, 10, …으로 더해지는 수가 1, 3, 5, …의 순서로 2씩 커지는 규칙입니다.

11번째 줄의 가장 왼쪽에 적혀 있는 수를 구하면 $10+7+9+11+13+15+17+19=101$입니다.

다른 풀이

가장 왼쪽에 적혀 있는 수는 0부터 1씩 커지는 수를 두 번 곱한 후, 1을 더한 수를 나열한 규칙입니다.

$0×0+1=1, 1×1+1=2, 2×2+1=5, 3×3+1=10,$
$4×4+1=17$이므로 11번째 줄의 가장 왼쪽에 적혀 있는 수를 구하면 $10×10+1=101$입니다.

5-4 다음과 같은 규칙으로 수가 적혀 있습니다. 첫 번째로 꺾이는 부분에 있는 수는 2, 두 번째로 꺾이는 부분에 있는 수는 3, 세 번째로 꺾이는 부분에 있는 수는 5, 네 번째로 꺾이는 부분에 있는 수는 7입니다. 15번째로 꺾이는 부분에 있는 수를 구하고, 그 이유를 서술하시오.

㉑	22	23	24	25	㉖	
20	⑦	8	9	⑩	27	
19	6	1	②	11	28	
18	⑤	4	③	12	29	
⑰	16	15	14	⑬	30	

꺾이는 부분에 있는 수들만 나열해 보면 2, 3, 5, 7, 10, 13, 17, 21, 26, 31, …로 더해지는 수가 1, 2, 2, 3, 3, 4, 4, 5, 5, …의 순서로 1씩 커지면서 2번씩 반복되는 규칙입니다.

따라서 15번째로 꺾이는 부분에 있는 수는
$31+6+6+7+7+8=65$입니다.

속력

예주 아버지는 일주일에 한 번씩 서울에서 부산까지 출장을 다녀오십니다. 오늘도 아침 일찍 부산에 가신 아버지는 평소보다 훨씬 늦게 집에 오셨습니다. 고속열차 (KTX)의 표를 구하지 못하신 아버지는 일반 기차를 타고 오시느라 평소보다 2시간 30분이나 더 걸리셨습니다. 아버지의 이야기를 듣고 예주는 속력을 어떻게 구하는지, 또 고속열차와 일반 기차의 속력 차이가 얼마나 되는지 궁금했습니다.

속력은 물체의 빠르기를 말합니다. 속력은 물체가 단위시간(1시간, 1분, 1초) 동안에 얼마나 이동하는지를 나타내는데, 속력이 크면 클수록 물체가 빨리 움직이는 것입니다.

속력은 물체가 이동한 거리를 걸린 시간으로 나누어 구합니다.

(속력)＝(이동한 거리)÷(걸린 시간)

생활 속에서 속력의 단위는 초속(m/sec), 분속(m/min), 시속(km/h) 등이 사용되는 데 초속 3 m의 의미는 1초 동안에 3 m를, 분속 15 m는 1분 동안에 15 m를 이동한다는 뜻입니다. 1시간에 80 km를 달린 자동차는 시속 80 km로 나타냅니다.

예를 들어 부산에서 서울까지 400 km를 가는 데 고속열차로 2시간이 걸렸다면 고속열차의 속력은 400÷2＝200 (km/h), 즉 1시간 동안 200 km를 달렸고, 시속 200 km가 됩니다.

1 위의 공식을 참고하여 다음 물음에 답하시오.

(1) **91 km의 거리를 이동하는 데 7시간이 걸렸습니다. 이때의 속력이 얼마인지 구하시오.**

　　91÷7＝13이므로 속력은 시속 13 km입니다.

(2) **3시간에 21 km의 거리를 이동하는 물체가 있습니다. 이 물체가 189 km를 이동하는 데 걸리는 시간은 얼마인지 구하시오.**

　　21÷3＝7이므로 이 물체의 속력은 시속 7 km입니다. 따라서 이 물체가 189 km를 이동하는 데 걸리는 시간은 189÷7＝27 (시간)입니다.

(3) **84 m의 거리를 분속 12 m로 이동하는 물체가 있습니다. 이 물체가 84 m를 가는 데 걸린 시간은 얼마인지 구하시오.**

　　(이동한 거리)÷(걸린 시간)＝(속력)이므로 84÷□＝12에서 □＝7, 즉 이 물체가 84 m를 가는 데 걸린 시간은 7분입니다.

2 서울에서 부산까지의 거리는 약 400 km입니다. 서울에서 부산까지 가는 데 고속열차를 타면 약 2시간이 걸리고, 일반 기차를 타면 5시간이 걸린다고 합니다. 고속열차와 일반 기차의 속력의 차이를 구하고, 그 이유를 서술하시오.

(고속열차의 속력)=400÷2=시속 200 km, (일반 기차의 속력)=400÷5=시속 80 km
따라서 고속열차와 일반 기차의 속력의 차이는 시속 120 km입니다.

3 지수는 운동을 하려고 집에서 나와 운동장으로 갔습니다. 지수의 오빠는 지수가 나간 뒤 10분 후에 자전거를 타고 지수를 따라 운동장으로 갔습니다. 지수는 1분에 40 m를 걸어 가고, 지수의 오빠는 1분에 120 m를 자전거를 타고 갑니다. 오빠는 집을 나선 뒤 몇 분 후에 지수를 만나는지 구하고, 그 이유를 서술하시오.

10분 동안 지수가 걸어간 거리는 40×10=400 (m)입니다.
1분 동안의 오빠와 지수의 거리의 차는 120−40=80 (m)이므로 오빠는 지수를 1분에 80 m 따라 잡을 수 있습니다.
따라서 오빠가 집을 나선 뒤 400÷80=5 (분) 후에 지수를 만납니다.

4 동생이 집에서 출발한 뒤 30분 후에 형이 집에서 출발하여 동생을 따라 갔습니다. 동생은 분속 60 m로, 형은 분속 105 m로 걸어갑니다. 동생이 출발한 시각이 오후 2시라고 할 때, 형과 동생이 만나는 시각을 구하고, 그 이유를 서술하시오.

30분 동안 동생이 걸어간 거리는 60×30=1800 (m)이므로 형이 출발할 때 동생은 형보다 1800 m 앞서가고 있습니다.
1분 동안의 형과 동생의 거리의 차는 105−60=45 (m)이므로 형은 동생을 1분에 45 m 따라 잡을 수 있습니다.
형이 집에서 출발한 뒤 1800÷45=40 (분) 후에 형과 동생은 만납니다.
따라서 형은 오후 2시 30분에 출발했으므로 형과 동생이 만나는 시각은 오후 3시 10분입니다.

대표문제

어떤 로봇이 A 지점에서 출발하여 앞으로 1 m를 이동한 후, 왼쪽으로 30° 회전하여 앞으로 1 m를 이동합니다. 또, 왼쪽으로 60° 회전하여 앞으로 1 m를 이동한 후, 왼쪽으로 90° 회전하여 앞으로 1 m를 이동합니다. 이와 같은 방법을 반복하여 이동할 때, 로봇이 다시 A 지점까지 돌아오는 시간을 구하시오.(단, 1 m를 가는 데 걸리는 시간은 1초이고, 왼쪽으로 회전하는 데 걸리는 시간은 무시합니다.)

로봇이 이동한 길을 그림으로 나타내면 다음과 같으므로 8초 후 다시 A 지점으로 돌아옵니다.

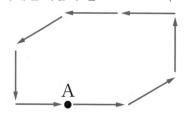

해설

로봇이 왼쪽으로 30°, 60°, 90° 회전하면 모두 180° 회전하여 이동합니다. 두 번을 반복해 이동하면 360° 회전하여 다시 출발점인 A 지점으로 돌아오게 됩니다.

기출유형 연습

6-1 초콜릿 1개를 2등분, 3등분, 4등분 할 수 있다고 할 때, 초콜릿 7개를 12명에게 똑같이 나누어 주려고 합니다. 1명이 먹을 수 있는 초콜릿의 양은 얼마인지 구하고, 그 이유를 서술하시오.

① 초콜릿 1개를 세로로 4등분 한 후, 각각의 조각을 3등분하면 다음 그림과 같습니다.

② 초콜릿 7개를 모두 ①과 같이 자를 수 있으므로 12명이 초콜릿 1개당 각각 1조각씩 먹으면 똑같이 나누어 먹을 수 있습니다.

따라서 초콜릿 7개를 12명이 똑같이 나누어 먹을 때, 1명이 먹을 수 있는 초콜릿의 양은

$\dfrac{1}{12}+\dfrac{1}{12}+\dfrac{1}{12}+\dfrac{1}{12}+\dfrac{1}{12}+\dfrac{1}{12}+\dfrac{1}{12}=\dfrac{7}{12}$ (개)입니다.

6-2 탐험가가 배를 타고 강의 상류까지 거슬러 올라가려고 합니다. 탐험가는 낮에 열심히 노를 저어 8 km를 거슬러 올라가지만 밤에는 잠을 자서 배가 다시 3 km를 내려온다고 합니다. 탐험가가 가려고 하는 목적지는 28 km 떨어진 곳에 있고, 4월 13일 아침에 출발했다면 목적지에 도착한 날짜를 아래 그래프를 완성하여 구하시오.

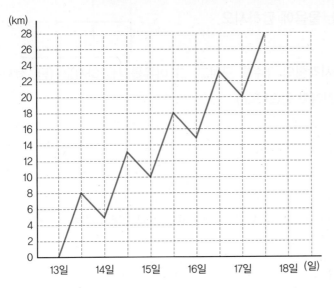

➡ 도착한 날짜는 4월 17일입니다.

6-3 지숙이네 밭의 넓이는 은우네 밭의 넓이의 $\frac{5}{3}$ 배입니다. 은우네 밭의 $\frac{1}{4}$ 에 상추를 심고, 나머지의 $\frac{2}{3}$ 에는 고추를 심었습니다. 지숙이네 밭의 넓이는 은우네 밭에서 아무것도 심지 않은 부분의 넓이의 몇 배인지 구하고, 그 이유를 서술하시오.

① 지숙이네 밭을 은우네 밭의 넓이의 $\frac{5}{3}$ 배로 그리고 두 밭을 각각 20등분, 12등분합니다.

② 은우네 밭에서 상추를 심는 부분인 밭의 $\frac{1}{4}$ 을 녹색으로 색칠합니다.

③ 은우네 밭에서 고추를 심는 부분인 남은 밭의 $\frac{2}{3}$ 를 빨간색으로 색칠합니다.

④ 오른쪽 그림과 같이 은우네 밭에서 아무것도 심지 않은 밭은 3칸이고, 지숙이네 밭은 20칸이므로 $\frac{20}{3}$ 배가 됩니다.

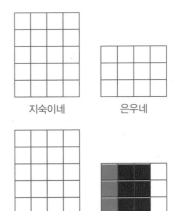

지숙이네   은우네

지숙이네   은우네

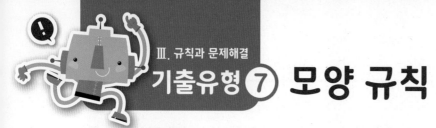
기출유형 ⑦ 모양 규칙

대표문제

성냥개비 여러 개를 이용하여 오른쪽 그림과 같이 세로가 2칸 인 긴 직사각형을 만들려고 합니다. 물음에 답하시오.

(1) 성냥개비 100개로 만들어지는 정사각형의 개수를 구하고, 그 이유를 서술하시오. (단, 정사각형의 한 변의 길이는 성냥개비의 길이와 같습니다.)

가장 왼쪽에 만들어지는 정사각형 2개에 있는 성냥개비 2개를 제외하면 세로 한 줄의 정사각형 2개를 만드는 데 사용되는 성냥개비의 개수는 5개입니다.

(사용된 성냥개비의 개수)$=2+5\times19=97$ (개)이므로 가로 한 줄에 정사각형 19개를 만들 수 있습니다. 즉, 성냥개비 97개로 정사각형 $19\times2=38$ (개) 만들 수 있습니다.

성냥개비는 100개가 있으므로 3개가 남고, 이 남은 성냥개비로 정사각형 1개를 더 만들 수 있습니다. 따라서 성냥개비 100개로 만들어지는 정사각형의 개수는 $38+1=39$ (개)입니다

(2) 정사각형의 개수가 151개가 되도록 만들려면 필요한 성냥개비의 개수를 구하고, 그 이유를 서술하시오. (단, 정사각형의 한 변의 길이는 성냥개비의 길이와 같습니다.)

정사각형의 개수가 150개이면 가로 한 줄에 정사각형이 75개 있어야 하므로 필요한 성냥개비의 개수는 $2+5\times75=377$ (개)입니다. 또, 정사각형 1개를 더 만들어야 하므로 성냥개비 3개가 더 필요합니다.

따라서 필요한 성냥개비의 개수는 $377+3=380$ (개)입니다.

기출유형 연습

7-1 성냥개비 179개를 이용하여 그림과 같이 삼각형을 한 줄로 만들 때, 만들 수 있는 삼각형의 최대 개수를 구하고, 그 이유를 서술하시오.

가장 왼쪽에 만들어지는 삼각형에 있는 성냥개비 1개를 제외하면 삼각형 1개를 만드는 데 사용되는 성냥개비의 개수는 2개이므로 (사용된 성냥개비의 개수)$=1+2\times89=179$ (개)입니다.

따라서 성냥개비 179개로 최대 89개의 삼각형을 만들 수 있습니다.

다른 풀이

삼각형의 개수(개)	1	2	3	4	…
성냥개비의 개수(개)	3	5	7	9	…

삼각형이 1개 늘어날 때마다 성냥개비는 2개씩 늘어나므로 식으로 나타내면

(성냥개비의 개수)$=$(삼각형의 개수)$\times2+1$입니다.

$86\times2+1=173$, $87\times2+1=175$, $88\times2+1=177$, $89\times2+1=179$이므로 성냥개비 179개로 최대 89개의 삼각형을 만들 수 있습니다.

7-2 다음 규칙과 같이 크기가 같은 정사각형 종이를 늘어놓습니다. 정사각형 종이 300장으로는 몇 단계까지 만들 수 있는지 구하고, 그 이유를 서술하시오.(단, 앞 단계에서 사용한 종이는 그냥 놓아둡니다.)

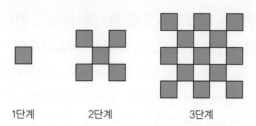

1단계   2단계   3단계

단계별로 사용된 종이의 수를 구하면 1, 5, 13, 25, …로 더해지는 수가 4, 8, 12, …의 순서로 4씩 커지는 규칙입니다. $25+16=41$, $41+20=61$, $61+24=85$, $85+28=113$으로 7단계까지 사용한 정사각형 종이의 수는 $1+5+13+25+41+61+85=231$ (장), 8단계까지 사용한 정사각형 종이의 수는 $1+5+13+25+41+61+85+113=344$ (장)입니다. 따라서 정사각형 종이 300장으로 7단계까지 만들 수 있습니다.

다른 풀이

사용된 종이의 수를 나열하면 $0+1$, $1+4$, $4+9$, $9+16$, $16+25$, …이고, 이때 사용된 수는 $0\times0=0$, $1\times1=1$, $2\times2=4$, $3\times3=9$, $4\times4=16$, $5\times5=25$, …이므로 이 수를 차례로 2개씩 더하는 규칙입니다.

7-3 성냥개비를 이용하여 오른쪽 그림과 같은 규칙으로 정삼각형을 만들고 있습니다. 위에서부터 12줄을 만드는 데 필요한 성냥개비의 개수를 구하고, 그 이유를 설명하시오.

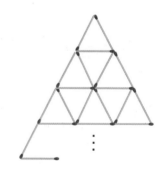

가장 위에 놓인 정삼각형을 만드는 데 필요한 성냥개비의 개수는 3개, 2번째 줄에 놓인 정삼각형을 만드는 데 필요한 성냥개비의 개수는 6개, 3번째 줄에 놓인 정삼각형을 만드는 데 필요한 성냥개비의 개수는 9개, 입니다.

즉, 3, 6, 9, …로 더해지는 수가 3씩 커지는 규칙이 있습니다.
따라서 위에서부터 12줄을 만드는 데 필요한 성냥개비의 개수는
$3+6+9+12+15+18+21+24+27+30+33+36=39\times6=234$ (개)입니다.

다른 풀이

△ 모양으로 만들어진 정삼각형의 개수로 규칙을 파악하면 가장 윗 줄부터 1개, 2개, 3개, …로 1개씩 늘어나는 규칙이 있습니다. 따라서 12번째 줄까지 만들어진 정삼각형의 개수는 $1+2+3+4+5+6+7+8+9+10+11+12=13\times6=78$ (개)이고, 이때 필요한 성냥개비의 개수는 $78\times3=234$ (개)입니다.

기출유형 ⑧ 리그와 토너먼트

대표문제

A, B, C, D, E, F, G의 7팀이 리그 방식으로 경기를 하려고 합니다. 하루에 한 경기씩만 한다고 할 때, 총 며칠이 걸리는지 구하고, 그 이유를 서술하시오.

그림과 같이 칠각형과 대각선을 그려 선분의 개수로 구할 수도 있습니다.

7개의 점을 서로 연결할 때 첫 번째 점에서 그을 수 있는 선분은 6개, 두 번째 점에서 그을 수 있는 선분은 5개, 세 번째 점에서 그을 수 있는 선분은 4개, 네 번째 점에서 그을 수 있는 선분은 3개, 다섯 번째 점에서 그을 수 있는 선분은 2개, 여섯 번째 점에서 그을 수 있는 선분은 1개입니다. 마지막 남은 점은 다른 점들과 모두 연결되어 있으므로, 그을 수 있는 모든 선분의 개수는

$6+5+4+3+2+1=21$ (개)입니다.

따라서 하루에 한 경기씩 하므로, 총 21일이 걸립니다.

다른 풀이

7팀이므로 한 팀은 모두 6번씩 경기를 합니다. 즉, $6×7=42$ (경기)를 합니다.

한 번 경기를 할 때 두 팀이 한 경기를 하게 되므로 $42÷2=21$, 즉 총 경기 수는 21번입니다.

따라서 하루에 한 경기씩 하므로 총 21일이 걸립니다.

기출유형 연습

8-1 전국체전에 100명의 탁구 선수들이 모였습니다. 개인전으로 6명이 남을 때까지는 한 번 지면 떨어지는 토너먼트 방식을 택하고, 남은 6명은 리그 방식으로 우승자를 가리기로 하였습니다. 준비위원회는 1위를 결정하기 위하여 몇 번의 시합을 준비해야 하는지 구하고, 그 이유를 서술하시오.

토너먼트 방식으로 $100-6=94$ (명)의 탈락자가 있어야 합니다. 토너먼트 방식은 1번 시합을 하면 1명이 탈락하므로 94번의 시합을 해야 합니다.

6명이 리그 방식으로 경기를 할 때 필요한 시합의 수는 오른쪽 그림에서 선분의 개수와 같으므로 필요한 시합의 수는 $5+4+3+2+1=15$ (번)입니다.

따라서 준비위원회에서 준비해야 하는 시합의 수는 $94+15=109$ (번)입니다.

8-2 월드컵에서는 32팀을 한 조당 4팀씩 8조로 나누고, 각 조는 리그 방식으로 경기하여 이 중 상위 성적의 2팀이 16강에 진출합니다. 16팀은 토너먼트 방식으로 경기하여 우승팀을 가리 게 되고, 3, 4위 결정전도 치르게 됩니다. 월드컵에서 치러지는 모든 경기 수를 구하고, 그 이유를 서술하시오.

한 조의 4팀은 리그 방식으로 오른쪽 그림과 같이 6경기를 합니다. 이때 8조가 있으므 로 리그 방식으로 치러지는 경기 수는 $8 \times 6 = 48$ (경기)입니다.

16팀이 토너먼트 방식으로 우승팀을 가리는데 15팀이 탈락하므로 15경기를 하고, 3, 4위 결정전 1경기가 추가됩니다.

따라서 월드컵에서 치러지는 모든 경기 수는 $48 + 15 + 1 = 64$ (경기)입니다.

8-3 영재네 학교 4학년 8개의 반이 축구 경기를 하여 각 반의 순위를 정하려고 합니다. 리그 방식과 토너먼트 방식으로 축구 경기를 한다면 각각 몇 번의 경기를 진행해야 할지 구하고, 그 이유를 서술하시오.(단, 토너먼트 방식의 경우 순위를 정하기 위해 진 팀끼리도 경기를 해서 모든 팀의 순위가 나와야 합니다.)

① 8개의 반이 리그 방식으로 축구 경기를 할 때 필요한 경기 수는
   $7 + 6 + 5 + 4 + 3 + 2 + 1 = 28$ (경기)입니다.

② 8개의 반이 토너먼트 방식으로 축구 경기를 할 때 필요한 경기 수 는 오른쪽 그림과 같으므로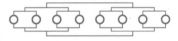

(처음 4경기) + (이긴 팀 2경기) + (진 팀 2경기) + (5, 6위 전) + (7, 8위 전) + (3, 4위 전) + (결승 전) = $4 + 2 + 2 + 1 + 1 + 1 + 1 = 12$ (경기)입니다.

8-4 오른쪽 그림과 같이 원 위에 10개의 점이 있을 때 그릴 수 있는 선분은 모 두 몇 개인지 구하고, 그 이유를 서술하시오.

원 위에 있는 어떤 세 점도 같은 직선 위에 있지 않으므로 두 점을 이으면 서로 다른 선분이 됩니다.

원 위에 10개의 점이 있을 때 한 점에서 그을 수 있는 선분의 개수가 각각 9개이 므로 $9 + 8 + 7 + 6 + 5 + 4 + 3 + 2 + 1 = 45$ (개)입니다.

8-5 오른쪽 그림과 같이 점 8개가 있을 때 그릴 수 있는 선분은 모두 몇 개인 지 구하고, 그 이유를 서술하시오.

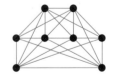

선분의 길이를 기준으로 각각의 수를 구합니다.

① 1칸짜리 선분 : 8개, 2칸짜리 : 2개, 3칸짜리 : 2개
② 1×1의 대각선 : 6개, 1×2의 대각선 : 6개, 1×3의 대각선 : 2개
   2×2의 대각선 : 2개

따라서 구하는 모든 선분의 개수는 $8 + 2 + 2 + 6 + 6 + 2 + 2 = 28$ (개)입니다.

기출유형 ⑨ 창의적으로 생각하여 문제해결하기

대표문제

매일 2배씩 늘어나는 개구리 풀 하나를 가져와 연못에 놓았더니 17일 만에 연못이 가득 덮였습니다. 이 연못을 12일 만에 가득 덮이도록 하려면 몇 개의 개구리 풀을 넣으면 되는지 구하고, 그 이유를 서술하시오.

17일 동안 늘어나는 개구리 풀의 개수를 구하면

1개 → 2개 → 4개 → 8개 → 16개 → 32개 → 64개 → 128개 → 256개 → 512개 → 1024개 → 2048개 → …입니다.

이 연못이 12일 만에 가득 덮이도록 하려면 앞의 5일이 없으면 됩니다.

즉, 32개 → 64개 → 128개 → 256개 → 512개 → 1024개 → 2048개 → …입니다.

따라서 처음에 32개가 있으면 12일 만에 연못을 가득 덮을 수 있습니다.

기출유형 연습

9₋₁ 어떤 병에 1분에 2배씩 늘어나는 벌레를 1마리 넣었더니 60분 만에 이 병이 벌레로 가득 찼습니다. 이 병의 $\frac{1}{4}$이 차는 데 걸리는 시간을 구하고, 그 이유를 서술하시오.

거꾸로 생각합니다. 벌레로 병이 가득 차는 데 60분이 걸리고, 1분에 2배씩 늘어나므로 60분 만에 병을 가득 채우려면 59분에는 병의 $\frac{1}{2}$, 58분에는 병의 $\frac{1}{4}$이 차있을 것입니다.

따라서 이 병의 $\frac{1}{4}$이 차는 데 걸리는 시간은 58분입니다.

9₋₂ 어떤 학교의 4학년 모든 학생이 같은 간격으로 둥글게 앉아 있습니다. 7번째 앉은 학생의 맞은편에 80번째 학생이 앉아 있습니다. 4학년 학생은 모두 몇 명인지 구하고, 그 이유를 서술하시오.

7번째 앉은 학생과 80번째 앉은 학생 사이에는 8번째에서 79째까지의 72명의 학생이 앉아 있고, 반대편에도 72명의 학생이 앉아 있습니다.

따라서 4학년 학생은 모두 72＋72＋2＝146 (명)입니다.

72명
7번째
80번째
72명

9-3 길이가 169 m인 산책로의 양쪽에 13 m 간격으로 나무를 1그루씩 심고, 두 나무 사이에 해바라기를 4송이씩 심으려고 합니다. 필요한 나무와 해바라기의 수를 각각 구하고, 그 이유를 서술하시오.(산책로가 시작하는 곳과 끝나는 곳에 모두 나무를 심습니다.)

① 13 m 간격으로 나무를 심으므로 $169 \div 13 = 13$의 13개의 간격이 생깁니다.

② 산책로 한쪽에 필요한 나무의 수는 $13 + 1 = 14$ (그루)이고, 산책로 양쪽에 나무를 심어야 하므로 필요한 나무의 수는 $14 \times 2 = 28$ (그루)입니다.

③ 산책로 한쪽에 필요한 해바라기의 수는 $4 \times 13 = 52$ (송이)이고, 산책로 양쪽에 심어야 하므로 필요한 해바라기의 수는 $52 \times 2 = 104$ (송이)입니다.

따라서 필요한 나무는 28그루, 해바라기는 104송이입니다.

9-4 어떤 목수가 길이 2 m의 통나무를 40 cm 간격으로 잘랐더니 32분이 걸렸습니다. 이번에는 같은 길이의 통나무 2개를 50 cm 간격으로 자르는 데 너무 힘이 들어 한 번 자르고 나서 3분씩 쉬었습니다. 통나무 2개를 50 cm 간격으로 자르는 데 필요한 최소 시간을 구하시오.

①

40 cm 간격으로 통나무를 자르면 $200 \div 40 = 5$ (도막)이 생기고, 이때 자른 횟수는 4번입니다. 따라서 통나무를 1번 자르는 데 걸리는 시간은 $32 \div 4 = 8$ (분)입니다.

②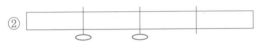

50 cm 간격으로 통나무를 자르면 $200 \div 50 = 4$ (도막)이 생기고, 통나무 2개를 자르므로 자른 횟수는 6번입니다. 또, 마지막에 자르고는 쉬지 않아도 되므로 쉬는 시간은 5번 있어야 합니다.

(통나무 2개를 50 cm 간격으로 자르는 데 걸리는 시간)$=6 \times 8 = 48$ (분),

(쉬는 시간)$=5 \times 3 = 15$ (분)

따라서 통나무 2개를 50 cm 간격으로 자르는 데 필요한 최소 시간은 $48 + 15 = 63$ (분)입니다.

9-5 석희네 반 학생은 30명입니다. 이 중 영어를 좋아하는 학생이 15명, 수학을 좋아하는 학생이 12명입니다. 수학을 좋아하는 학생의 $\frac{1}{4}$이 영어도 좋아한다고 할 때, 영어와 수학을 모두 좋아하지 않는 학생은 몇 명인지 구하고, 그 이유를 서술하시오.

수학을 좋아하는 학생의 $\frac{1}{4}$인 $12 \times \frac{1}{4} = 3$ (명)이 영어도 좋아하므로 영어와 수학을 모두 좋아하는 학생은 3명입니다. 주어진 조건을 그림으로 나타내면 오른쪽과 같습니다.

따라서 영어와 수학을 모두 좋아하지 않는 학생은
$30 - (12 + 3 + 9) = 6$ (명)입니다.

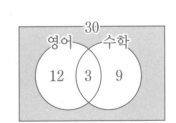

기출유형⑩ 다양한 규칙

대표문제

평행인 두 직선 위에 다음과 같이 10개의 점을 찍었습니다. 3개의 점을 꼭짓점으로 하는 삼각형을 모두 몇 개 그릴 수 있는지 구하고, 그 이유를 서술하시오.

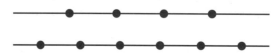

① 위의 직선에서 점 1개, 아래 직선에서 점 2개를 선택하는 경우 :

위의 직선에서 점 1개를 선택하는 방법은 4가지, 아래 직선에서 점 2개를 선택하는 방법은 $5+4+3+2+1=15$ (가지)이므로 그릴 수 있는 삼각형의 개수는 $4\times15=60$ (개)입니다.

② 위의 직선에서 점 2개, 아래 직선에서 점 1개를 선택하는 경우 :

위의 직선에서 점 2개를 선택하는 방법은 $3+2+1=6$ (가지), 아래 직선에서 점 1개를 선택하는 방법은 6가지이므로 그릴 수 있는 삼각형의 개수는 $6\times6=36$ (개)입니다.

따라서 그릴 수 있는 모든 삼각형의 개수는 $60+36=96$ (개)입니다.

기출유형 연습

10-1 다음과 같은 규칙으로 분수가 나열되어 있습니다. $\dfrac{7}{12}$은 몇 번째 분수인지 구하고, 그 이유를 서술하시오.

$$\dfrac{1}{1},\ \dfrac{1}{2},\ \dfrac{2}{1},\ \dfrac{1}{3},\ \dfrac{2}{2},\ \dfrac{3}{1},\ \dfrac{1}{4},\ \dfrac{2}{3},\ \dfrac{3}{2},\ \dfrac{4}{1},\ \dfrac{1}{5},\ \dfrac{2}{4},\ \dfrac{3}{3},\ \cdots$$

주어진 분수를 다음과 같이 묶습니다.

$$\left(\dfrac{1}{1}\right),\ \left(\dfrac{1}{2},\ \dfrac{2}{1}\right),\ \left(\dfrac{1}{3},\ \dfrac{2}{2},\ \dfrac{3}{1}\right),\ \left(\dfrac{1}{4},\ \dfrac{2}{3},\ \dfrac{3}{2},\ \dfrac{4}{1}\right),\ \left(\dfrac{1}{5},\ \dfrac{2}{4},\ \dfrac{3}{3},\ \dfrac{4}{2},\ \dfrac{5}{1}\right),\ \cdots$$

분자는 (1), (1, 2), (1, 2, 3), (1, 2, 3, 4), (1, 2, 3, 4, 5), …

분모는 (1), (2, 1), (3, 2, 1), (4, 3, 2, 1), (5, 4, 3, 2, 1), … 의 규칙으로 나열되어 있습니다.

위와 같은 규칙으로 나열할 때 $\dfrac{7}{12}$이 속한 묶음에서 $\dfrac{7}{12}$ 앞에 놓일 분수를 차례로 구하면

$\dfrac{1}{18},\ \dfrac{2}{17},\ \dfrac{3}{16},\ \dfrac{4}{15},\ \dfrac{5}{14},\ \dfrac{6}{13}$입니다. $\dfrac{7}{12}$이 속한 묶음의 앞 묶음까지 나열된 분수의 개수를 구하면

$1+2+3+\cdots+17=18\times17\div2=153$ (개)이고, $\dfrac{7}{12}$이 속한 묶음에서 $\dfrac{7}{12}$ 앞에는 6개의 분수가

있습니다. 따라서 $\dfrac{7}{12}$은 $153+7=160$, 즉 160번째 분수입니다.

10-2 다음과 같이 자연수의 쌍이 나열되어 있습니다. 84번째 자연수의 쌍을 구하고, 그 이유를 서술하시오.

$$(1, 1), (1, 2), (2, 1), (1, 3), (2, 2), (3, 1), (1, 4), (2, 3), (3, 2), (4, 1), \cdots$$

주어진 자연수의 쌍을 다음과 같이 묶습니다.

{(1, 1)}, {(1, 2), (2, 1)}, {(1, 3), (2, 2), (3, 1)}, {(1, 4), (2, 3), (3, 2), (4, 1)}, ⋯

자연수의 쌍의 왼쪽에 놓인 수는 (1), (1, 2), (1, 2, 3), (1, 2, 3, 4), ⋯

오른쪽에 놓인 수는 (1), (2, 1), (3, 2, 1), (4, 3, 2, 1), ⋯의 규칙으로 나열되어 있습니다.

각각의 묶음의 자연수의 쌍의 수를 더하면

$1+2+3+4+5+6+7+8+9+10+11+12=78$ (개)입니다.

12번째 묶음까지 속한 자연수의 쌍의 수가 78개이므로 13번째 묶음의 앞에서 6번째 나열된 자연수의 쌍이 84번째 자연수의 쌍입니다.

따라서 13번째 묶음에 있는 자연수의 쌍을 순서대로 나열하면 (1, 13), (2, 12), (3, 11), (4, 10), (5, 9), (6, 8), (7, 7), ⋯이므로 84번째 자연수의 쌍은 (6, 8)입니다.

10-3 다음과 같은 규칙으로 수가 적혀 있습니다. 10번째 줄 왼쪽에서 18번째 있는 수를 구하고, 그 이유를 서술하시오.

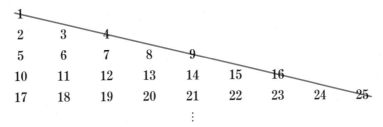

가장 오른쪽에 적혀 있는 수는 1, 4, 9, 16, 25, ⋯로 1부터 1씩 커지는 수를 두 번 곱해서 나열한 규칙입니다. $1 \times 1 = 1$, $2 \times 2 = 4$, $3 \times 3 = 9$, $4 \times 4 = 16$, $5 \times 5 = 25$, ⋯이므로 10번째 줄의 가장 오른쪽에 적혀있는 수를 구하면 $10 \times 10 = 100$입니다.

또, 각 줄에 나열된 수의 개수는 1개, 3개, 5개, 7개, 9개, ⋯로 2개씩 많아지는 규칙이므로 10번째 줄에는 $9 + 2 + 2 + 2 + 2 + 2 = 19$ (개)의 수가 나열되어 있습니다.

즉, 왼쪽에서 18번째 있는 수는 가장 오른쪽에 적혀 있는 수의 바로 앞의 수입니다.

따라서 10번째 줄의 왼쪽에서 18번째 있는 수는 $100 - 1 = 99$입니다.

10-4 다음과 같이 일정한 규칙으로 수를 나열하였습니다. 처음으로 50이 나오는 것은 몇 번째인지 구하고, 그 이유를 서술하시오.

$$1, \ 2, \ 2, \ 4, \ 3, \ 6, \ 4, \ 8, \ 5, \ 10, \ 6, \ 12, \ \cdots$$

① 홀수 번째 수를 차례로 나열하면 1, 2, 3, 4, 5, 6, ⋯이므로 홀수 번째 놓인 수를 나열했을 때 50번째 있는 수가 50입니다. 즉, 99번째입니다.

② 짝수 번째 수를 차례로 나열하면 2, 4, 6, 8, 10, 12, ⋯이므로 짝수 번째 놓인 수를 나열했을 때 25번째 있는 수가 50입니다. 즉, 50번째입니다.

따라서 처음으로 50이 나오는 것은 50번째입니다.

안심Touch

어림하기

1 다음 <보기>와 같이 정해진 범위의 수 안에서 질문을 하여 상대방이 생각하고 있는 수를 알아맞히는 게임을 하려고 합니다. 질문을 할 때 '이상', '이하', '초과', '미만' 중 하나를 반드시 말해야 하고, 상대방은 '예', '아니오'로만 대답할 수 있습니다. 물음에 답하시오.

보기

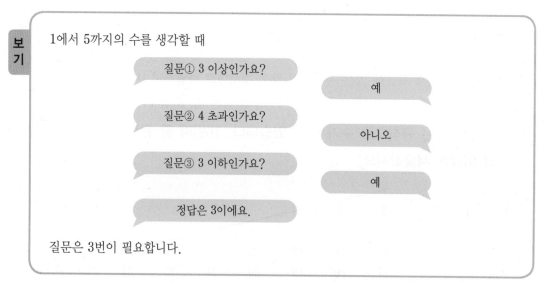

1에서 5까지의 수를 생각할 때

질문① 3 이상인가요?　　　　　예

질문② 4 초과인가요?　　　　　아니오

질문③ 3 이하인가요?　　　　　예

정답은 3이에요.

질문은 3번이 필요합니다.

(1) 상대방이 1에서 4까지의 수 중에서 하나의 수를 생각할 때, 가장 운이 좋지 않은 경우 최소한 몇 번의 질문을 해야 답을 알 수 있을지 횟수를 구하고, 그 이유를 서술하시오.

첫 번째 질문에서 2가지 경우 중 하나를 선택하여 두 번째 질문합니다. 그 후 답을 말할 경우 그 수가 답이 되거나 틀려도 남은 다른 수가 답임을 알 수 있습니다.

따라서 2번 질문하면 답을 알 수 있습니다.

(2) 상대방이 1에서 8까지의 수 중에서 하나의 수를 생각할 때, 가장 운이 좋지 않은 경우 최소한 몇 번의 질문을 해야 답을 알 수 있을지 횟수를 구하고, 그 이유를 서술하시오.

첫 번째 질문에서 2가지 경우 중 하나를 선택하여 두 번째 질문하고, 두 번째 질문에서 2가지 경우 중 하나를 선택하여 세 번째 질문을 합니다. 그 후 답을 말할 경우 그 수가 답이 되거나 틀려도 남은 다른 수가 답임을 알 수 있습니다.

따라서 3번 질문하면 답을 알 수 있습니다.

(3) 상대방이 1에서 16까지의 수들 중에서 하나의 수를 생각할 때, 가장 운이 좋지 않다면 최소한 몇 번의 질문을 해야 답을 알 수 있을지 횟수를 구하고, 그 이유를 서술하시오.

첫 번째 질문에서 2가지 경우 중 하나를 선택하여 두 번째 질문하고, 두 번째 질문에서 2가지 경우 중 하나를 선택하여 세 번째 질문을, 세 번째 질문에서 2가지 경우 중 하나를 선택하여 네 번째 질문을 합니다. 그 후 답을 말할 경우 그 수가 답이 되거나 틀려도 남은 다른 수가 답임을 알 수 있습니다.

따라서 4번 질문하면 답을 알 수 있습니다.

(4) 상대방이 1에서 30까지의 수들 중에서 하나의 수를 생각할 때, 가장 운이 좋지 않다면 최소한 몇 번의 질문을 해야 답을 알 수 있을지 횟수를 구하고, 그 이유를 서술하시오.

위와 같은 방법으로 질문을 하면 가장 운이 좋지 않을 경우에도 최소 5번의 질문을 하면 답을 알 수 있습니다.

2 다음 그림과 같이 여러 가지 모양의 병에 콩이 가득 담겨 있습니다. 콩의 개수를 세지 않고, 어떤 병에 콩이 가장 많이 들어있는지 비교할 수 있는 방법을 4가지 이상 서술하시오.(단, 그릇의 두께는 모두 같습니다.)

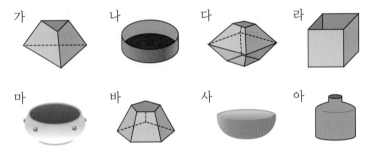

예시답안

① 한 그릇을 제외하고 다른 그릇은 모두 비웁니다. 비워진 다른 옆의 그릇에 콩을 옮겨 담아 넘치는지 남는지를 비교하면 두 그릇을 비교할 수 있고, 이렇게 계속 비교하면 가장 많은 콩이 들어있는 병을 알 수 있습니다.

② 그릇의 윗부분을 랩으로 막고, 물에 담아 넘치는 물의 양의 비교하여 들이를 잽니다.

③ 병에 들어 있는 구멍이 뚫린 봉지에 담아 다 떨어지는 데 걸리는 시간을 비교합니다.

④ 작은 컵으로 콩을 다른 그릇에 몇 번 옮겨 담을 수 있는지 비교합니다.

⑤ 콩만 같은 그릇에 옮겨 담은 후 각각 콩의 무게를 재어 비교합니다.

⑥ 같은 크기의 큰 그릇에 옮겨 담아 그릇의 높이를 비교합니다.

기출유형 ① 진리표 이용하기

대표문제

5층으로 되어 있는 아파트가 있습니다. 이 아파트의 각 층에서 1월부터 5월까지 한 달에 한 명씩 아이가 태어났다고 합니다. 아이들의 이름이 현진, 영주, 준우, 여진, 설희일 때, 아래 내용을 보고 태어난 달의 아이의 이름과 사는 층을 바르게 써넣으시오.

① 1층에 사는 아이는 설희보다 나중에 태어났고, 이 둘은 모두 영주보다 늦게 태어났습니다.
② 준우는 설희보다 먼저 태어났지만 가장 먼저 태어난 것은 아닙니다.
③ 5층, 2층, 4층에 사는 아이들은 순서대로 연이어서 태어났습니다.
④ 3층에 살고 있는 현진이와 3월에 태어난 설희는 한 층 차이입니다.
⑤ 4월에 태어난 여진이는 1층에 삽니다.

태어난 달	이름	층
1월	영주	5층
2월	준우	2층
3월	설희	4층
4월	여진	1층
5월	현진	3층

기출유형 연습

1-1 기원이네 반에 새로 전학 온 친구들의 이름은 지숙, 은정, 보현, 혜진이고, 성은 박, 이, 정, 진 중에서 서로 다른 성을 가졌습니다. 또한, 아래 내용은 모두 거짓이라는 것을 알고 있습니다. 다음 진리표를 완성하고, 이씨 성을 가진 친구가 누구인지 이름을 쓰시오.

① 정씨 성을 가진 친구는 혜진입니다.
② 혜진이의 성은 진씨 또는 이씨입니다.
③ 진씨 성을 가진 친구는 보현 또는 지숙입니다.
④ 보현이의 성은 정씨 또는 진씨입니다.

이름 성	지숙	은정	보현	혜진
박	×	×	×	○
이	×	×	○	×
정	○	×	×	×
진	×	○	×	×

이 보현

1-2　주어진 내용을 읽고 진리표를 완성한 후, 각 학생의 성과 좋아하는 운동을 쓰시오.

> ① 경현, 현아, 기영이는 축구, 수영, 야구 중에서 서로 다른 운동을 1가지씩 좋아하고, 박, 임, 강 중에서 서로 다른 성을 가지고 있습니다.
> ② 경현이는 축구를 싫어하지만, 축구를 좋아하는 사람과 친합니다.
> ③ 박씨 성을 가진 친구와 임씨 성을 가진 친구는 경현이집에 놀러갔습니다.
> ④ 현아는 수영을 좋아하는 친구와 친하지 않지만 임씨 성을 가진 친구와는 친합니다.
> ⑤ 수영을 좋아하는 친구와 야구를 좋아하는 친구는 친하지 않습니다.

운동＼이름	경현	현아	기영
축구	×	×	○
수영	○	×	×
야구	×	○	×

성＼이름	경현	현아	기영
박	×	○	×
임	×	×	○
강	○	×	×

　강　경현 : 수영,　　박　현아 : 야구,　　임　기영 : 축구

1-3　연우, 민지, 은빈이의 성은 김, 이, 권 중의 하나이며, 그들의 나이는 각각 11, 12, 13살 중의 하나입니다. 연우는 민지와 이씨 성을 가진 학생보다 어리고, 권씨 성을 가진 학생은 이씨 성을 가진 학생보다 더 나이가 많습니다. 각 학생의 이름과 성과 나이를 쓰고, 그 이유를 서술하시오.

　김　연우 : 11 살,　　권　민지 : 13 살,　　이　은빈 : 12 살

다음과 같이 2개의 진리표를 그려서 하나씩 채워 나가면 해결할 수 있습니다.

성＼이름	연우	민지	은빈
김	○	×	×
이	×	×	○
권	×	○	×

나이＼이름	연우	민지	은빈
11살	○	×	×
12살	×	×	○
13살	×	○	×

연우와 영진이는 이씨가 아니므로 은빈이가 이씨입니다.(이은빈)

연우는 민지와 이씨 성을 가진 은빈보다 어리므로 11살입니다.

권씨가 이씨보다 나이가 많으므로 권씨는 13살, 이은빈은 12살이 됩니다.

따라서 권씨는 민지이고, 김씨는 연우가 됩니다.

기출유형 ② 암호

대표문제

다음의 암호와 예를 보고 물음에 답하시오.

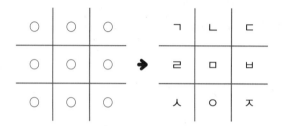

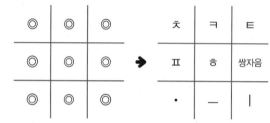

예 꿩 :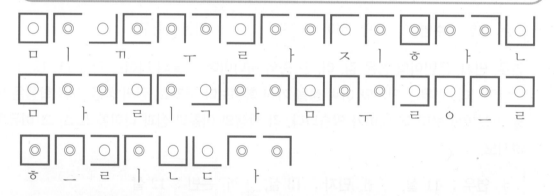

(1) 다음 속담을 암호문으로 만들어 보시오.

> 미꾸라지 한 마리가 물을 흐린다

(2) 다음 암호문을 해독하시오.

암호문 :

해독 : 수박쌤의 스토리텔링 스팀 수학

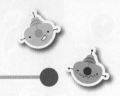

2

다음 〈암호문 규칙〉과 〈보기〉를 보고 물음에 답하시오.

〈암호문 규칙〉

ㄱ	ㄴ	ㄷ
ㄹ	ㅁ	ㅂ
ㅅ	ㅇ	ㅈ

ㅊ	ㅎ	ㅋ
ㅌ	ㅍ	ㅏ
ㅓ	ㅑ	ㅕ

ㅣ	ㅡ	ㅜ
ㅠ	ㅗ	ㅛ
ㅐ	ㅔ	ㅒ

ㅖ	ㄲ	ㄸ
ㅃ	ㅆ	ㅉ
ㄲ	ㄻ	ㄿ

보기

암호문 : ⌐ •• ㄱ」 」 • ⌐ •• , 해독 : 백가지

(1) 다음 문장을 암호문으로 만들어 보시오.

자라 보고 놀란 가슴 솥뚜껑 보고 놀란다

ㅈ ㅏ ㄹ ㅏ ㅂ ㅗ ㄱ ㅗ ㄴ ㅗ ㄹ ㅏ ㄴ

ㄱ ㅏ ㅅ ㅡ ㅁ ㅅ ㅗ ㅌ ㄸ ㅜ ㄲ ㅓ ㅇ

ㅂ ㅗ ㄱ ㅗ ㄴ ㅗ ㄹ ㄹ ㅏ ㄴ ㄷ ㅏ

(2) 다음 암호문을 해독하시오.

암호문 :

해독 : 매일 매일 노력하는 최고의 나를 발견하다

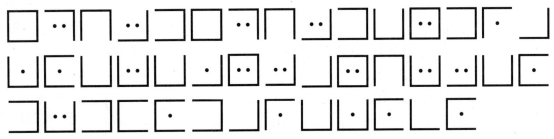

[그림 1]과 [그림 2]는 같은 모양의 그림입니다. [그림 1]의 A, B, C, D, E, F, G에 해당하는 [그림 2]의 숫자를 아래 표에 알맞게 써넣고, 그 이유를 서술하시오.

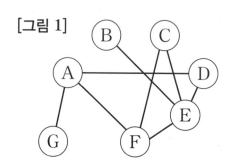

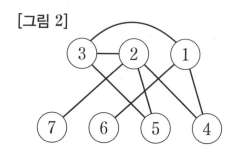

	A	B	C	D	E	F	G
알파벳에 해당되는 숫자	1	7	5	4	2	3	6

선이 4개 연결된 문자와 숫자는 같습니다. E=2

E와 2에 연결된 선이 1개인 문자와 숫자는 같습니다. B=7

B와 7을 제외하고 연결된 선이 1개뿐인 문자와 숫자는 같습니다. G=6

G와 6에 연결된 문자와 숫자는 같습니다. A=1

A와 1을 포함하여 연결된 선이 2개인 문자와 숫자는 같고, 연결된 선이 3개인 문자와 숫자는 같습니다. D=4, F=3

남아 있는 문자와 숫자는 같습니다. C=5

3-1 영재네 마을에는 132집이 있습니다. 이 중 ㉮ 신문을 구독하는 집은 72집이고, ㉮ 신문과 ㉯ 신문 중 하나만 구독하는 집은 50집입니다. 두 신문을 모두 보지 않는 집은 48집입니다. ㉯ 신문을 구독하는 집은 몇 집인지 구하고, 그 이유를 서술하시오.

주어진 조건을 그림으로 나타내면 오른쪽과 같고, 그림을 식으로 나타내면

B+D=72 (집), B+C=50 (집)이고,

B+C+D=132−48=84 (집)입니다.

C= 84−72=12 (집)이고, D=84−50=34 (집)입니다.

따라서 ㉯ 신문을 구독하는 집은 C+D이므로 12+34=46 (집)입니다.

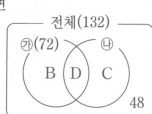

3-2 어떤 신문사에서 발행되는 신문지 100장의 두께는 약 1 cm라고 합니다. 이 신문사에서 하루에 신문을 12장씩 400,000부를 발행합니다. 이 신문사에서 발행한 신문의 두께에 대하여 다음과 같이 네 사람이 주고 받은 말 중에서 누구의 말이 사실에 가장 가까운지 쓰고, 그 이유를 서술하시오.(단, 아이들이 사는 아파트의 높이는 약 50 m입니다.)

> 진수 : 한 달 동안 발행한 신문을 모두 쌓으면 우리 아파트의 높이 정도 된다고 생각해.
> 현주 : 일주일 동안 발행한 신문만 모두 쌓아도 우리 아파트의 높이 정도 된다고 생각해.
> 혜영 : 하루에 발행한 신문만 모두 쌓아도 우리 아파트의 높이의 10배 정도 된다고 생각해.
> 수진 : 하루에 발행한 신문을 모두 쌓으면 우리 아파트의 높이 정도 된다고 생각해.

1일 동안 발행한 신문의 두께는 $12 \times 400,000 = 4,800,000$장$= 48,000$ cm$= 480$ m입니다.
아파트의 높이가 50 m이므로 하루에 발행한 신문을 모두 쌓으면 아이들이 사는 아파트의 높이의
10배 정도 됩니다.
따라서 혜영이의 말이 사실에 가장 가깝습니다.

3-3 월드컵 예선에서 여섯 나라 A, B, C, D, E, F는 각각 다른 모든 나라와 한 번씩 경기를 하였습니다. 그 결과 A 나라는 3승 2패, B 나라는 1승 4패, C 나라와 D 나라는 모두 2승 3패였습니다. 나머지 두 나라 E, F의 가능한 결과를 모두 구하고, 그 이유를 서술하시오.(단, 무승부는 없습니다.)

여섯 나라는 각각 5번씩 경기를 하고, 한 번 경기를 할 때 두 나라가 같이 하므로 총 경기 수는 $5 \times 6 \div 2 = 15$ (번)입니다.
네 나라 A, B, C, D의 결과의 합은 8승 12패이고, 무승부가 없으므로 남은 결과는 7승 3패입니다.
따라서 나머지 두 나라 E, F의 가능한 결과는
(E 나라 : 5승, F 나라 : 2승 3패) 또는 (E 나라 : 4승1패, F 나라 : 3승 2패)
또는 (E 나라 : 3승 2패, F 나라 : 4승 1패) 또는 (E 나라: 2승 3패, F 나라 : 5승)입니다.

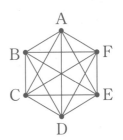

기출유형 ④ 참말과 거짓말(가정하기)

대표문제

4명의 학생 민영, 서현, 현경, 인숙이가 4권의 서로 다른 분야의 책 A, B, C, D를 보고, 다음과 같이 책의 분야를 이야기하였습니다. 네 학생이 말한 분야 중 모두 한 분야만 맞고, 다른 한 분야는 틀렸다고 합니다. A, B, C, D는 각각 어떤 분야의 책인지 쓰고, 그 이유를 서술하시오.

> ㉠ 민영 : A는 과학 분야의 책이고, D는 수학 분야의 책이야.
> ㉡ 현경 : B는 예술 분야의 책이고, C는 과학 분야의 책이야.
> ㉢ 인숙 : D는 역사 분야의 책이고, A는 예술 분야의 책이야.
> ㉣ 서현 : B는 역사 분야의 책이고, A는 수학 분야의 책이야.

한 사람을 정해 앞의 말이 맞다고 가정하였을 때 모순이 없는지, 뒤의 말이 맞다고 가정하였을 때 모순이 없는지 확인하면 알 수 있습니다.

① 민영의 말 중에서 A는 과학 분야의 책이라는 것이 맞다면 인숙의 말에서 D는 역사 분야의 책이고 서현의 말에서 B도 역사 분야의 책이 되므로 모순입니다.

② 민영의 말 중에서 D는 수학 분야의 책이라는 것이 맞다면, 인숙의 말에서 A는 예술 분야의 책, 서현의 말에서 B는 역사 분야의 책, 현경의 말에서 C는 과학 분야의 책이 됩니다.

따라서 A는 예술 분야, B는 역사 분야, C는 과학 분야, D는 수학 분야의 책입니다.

기출유형 연습

4-1   한 탐험가가 밀림을 탐험하다가 두 갈래의 갈림길을 만났습니다. 갈림길에는 두 명의 원주민이 서 있었는데 한 명은 항상 진실만을 말하는 참말족 사람이고, 다른 한 명은 항상 거짓만 말하는 거짓말족 사람입니다. 누가 참말족인지 누가 거짓말족인지를 알지 못합니다. 탐험가는 참말족을 방문하고 싶습니다. 질문을 한 번만 하여 참말족으로 가는 길을 찾을 수 있는 질문을 쓰고, 그 이유를 서술하시오.

답안 1

질문 : 당신이 사는 마을은 어디로 가야 합니까?

이유 : 참말족은 자기 마을로 가는 길을 가리킬 것이고, 거짓말족도 거짓을 말할 것이므로 참말족 마을로 가는 길을 가리킬 것입니다.

질문 : 저 길이 당신네 마을로 가는 길입니까?

이유 : 그 길이 참말족 마을로 가는 길이면 참말족은 '네'라고 할 것이고, 거짓말족도 거짓을 말할 것
이므로 '네'라고 할 것입니다. 또, 참말족 마을로 가는 길이 아니라면 참말족은 '아니오'라고
할 것이고, 거짓말족도 거짓을 말할 것이므로 '아니오'라고 할 것이기 때문입니다.

4-2 누군가 진희의 자전거를 망가뜨려서 현장에 있던 4명 중 범인을 찾으려고 합니다. 범인에 관
해 4명이 다음과 같이 말했을 때, 이 중 오직 한 명만 진실을 이야기하고 있고, 범인은 한 명
입니다. 진실을 말한 사람과 범인을 각각 쓰고, 그 이유를 서술하시오.

> ㉠ 기수 : 현주가 범인이에요. ㉡ 성훈 : 나는 범인이 아니에요.
>
> ㉢ 성태 : 기수가 범인이에요. ㉣ 현주 : 기수는 거짓말을 하고 있어요.

오직 한 명만 진실을 이야기하고 있으므로 기수부터 차례로 진실이라고 가정하고 생각합니다.

① 기수의 말이 진실이라면 성훈이의 말은 진실이 아니므로 범인은 현주와 성훈이가 되어 모순입니다.

② 성훈이의 말이 진실이라면 현주의 말에서 기수는 진실을 말하고 있으므로 진실을 말한 사람은 성
훈이와 기수가 되어 모순입니다.

③ 성태의 말이 진실이라면 성훈이의 말은 진실이 아니므로 범인은 기수와 성훈이가 되어 모순입니다.

④ 현주의 말이 진실이라면 기수의 말에서 현주는 범인이 아니고, 성태의 말에서 기수도 범인이 아니
며, 성훈이의 말에서 성훈이가 범인이 됩니다.

따라서 진실을 말하고 있는 사람은 현주이고, 범인은 성훈이입니다.

4-3 똑같이 생긴 세 쌍둥이 도둑 형제가 있었습니다. 이들은 언제나 함께 도둑질을 하곤 했습니
다. 그러던 어느 날, 세 쌍둥이 도둑 형제는 자신들 중 한 명이 다른 형제들에겐 알리지 않고
혼자서 진주 목걸이를 훔친 것을 알게 되었습니다. 세 쌍둥이 도둑 형제가 각각 다음과 같이
말했습니다. 진실을 말한 사람과 혼자서 도둑질을 한 사람은 누구인지 각각 쓰고, 그 이유를
서술하시오.(단, 혼자서 도둑질을 한 사람은 반드시 거짓말을 합니다.)

> ㉠ 첫째 : 내가 진주 목걸이를 훔쳤다. ㉡ 둘째 : 형의 말은 거짓이다.
>
> ㉢ 셋째 : 둘째 형이 진주 목걸이를 훔쳤다.

첫째가 혼자서 도둑질을 했다면 거짓말이므로 진주 목걸이를 훔치지 않았고 모순입니다.

둘째가 혼자서 도둑질을 했다면 거짓말이므로 첫째의 말은 진실이 되어 모순입니다.

셋째가 혼자서 도둑질을 했다면 거짓말이므로 둘째는 혼자서 도둑질을 하지 않았고 진실을 말하고
있습니다.

따라서 진실을 말한 사람은 둘째이고, 혼자서 도둑질을 한 사람은 셋째입니다.

기출유형 ⑤ 경우의 수 1

대표문제

흰 공 14개와 검은 공 8개가 들어 있는 주머니가 있습니다. 이 주머니에서 동시에 두 개의 공을 꺼낼 때 같은 색깔의 공을 꺼내면 1000원을 상금으로 받을 수 있습니다. 물음에 답하시오.(단, 꺼낸 공은 다시 주머니에 넣지 않습니다.)

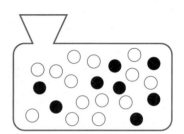

(1) 주머니에 공이 한 개도 남지 않을 때까지 게임을 할 때, 받을 수 있는 최대 상금을 구하고, 그 이유를 서술하시오.

두 색깔 모두 짝수 개이므로 꺼낼 때마다 같은 색깔이 나오는 경우입니다.
22÷2＝11이므로 최대 11번 상금을 받을 수 있습니다.
따라서 받을 수 있는 최대 상금은 11×1000＝11000 (원)입니다.

(2) 주머니에 공이 한 개도 남지 않을 때까지 게임을 할 때, 받을 수 있는 최소 상금을 구하고, 그 이유를 서술하시오.

흰 공과 검은 공을 한 개씩 짝지으면 최대 8쌍이 되고, 흰 공 6개가 남습니다.
남은 6개는 무조건 같은 색이므로 상금을 받을 수 있습니다.
6÷2＝3이므로 최소 3번 상금을 받을 수 있습니다.
따라서 받을 수 있는 최소 상금은 3×1000＝3000 (원)입니다.

(3) 이 게임에서 7000원의 상금을 받았다면 동시에 흰 공 2개와 검은 공 2개는 각각 몇 번씩 꺼냈는지 구하고, 그 이유를 서술하시오.

(2)에서 최소 3번은 흰 공 2개를 동시에 꺼내므로 3000원의 상금은 무조건 받게 됩니다.
검은 공 2개를 1번 동시에 꺼내면 흰 공 2개도 1번은 동시에 꺼내게 되므로 이때 받는 상금은 5000원이 됩니다.
검은 공 2개를 2번 동시에 꺼내면 흰 공 2개도 2번은 동시에 꺼내게 되므로 이때 받는 상금은 7000원이 됩니다.
따라서 7000원의 상금을 받았다면 동시에 흰 공 2개는 5번, 검은 공 2개는 2번 꺼냈습니다.

5-1 다음 그림과 같은 지도를 빨강, 노랑, 파랑의 세 가지 색을 이용하여 칠하려고 합니다. 이때 서로 이웃한 나라끼리는 다른 색이 되도록 칠하는 방법은 모두 몇 가지인지 구하고, 그 이유를 서술하시오.(단, 모든 색을 다 사용할 필요는 없고, 각 영역에는 한 가지 색만 칠해야 합니다.)

8개의 영역 중 이웃한 영역이 가장 많은 가운데에 색 A를 칠하고 이웃한 영역에 색 B, C를 칠하는 방식으로 색을 채워 넣으면 위의 그림과 같이 8개의 영역을 칠할 수 있습니다.

따라서 색 A, B, C를 세 가지 색의 순서쌍으로 나타내면 (빨, 노, 파), (빨, 파, 노), (노, 파, 빨), (노, 빨, 파), (파, 노, 빨), (파, 빨, 노)의 6가지가 가능합니다.

5-2 출발점에서 ★까지 가는 가장 짧은 길의 가짓수를 구하시오.

(1)
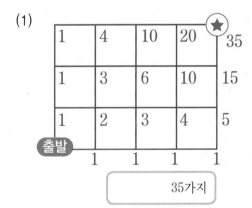
35가지

(2)
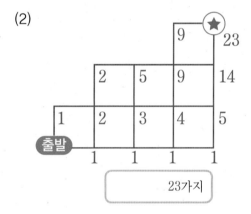
23가지

(3)
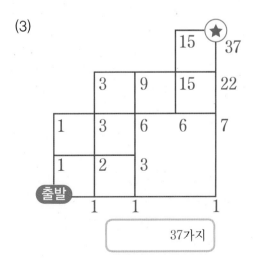
37가지

(4)
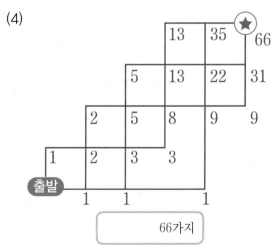
66가지

꺾은선그래프

현진이네 반 친구들이 좋아하는 운동별 학생 수라는 자료를 만들어 나타내고 비교할 때는 오른쪽 그림과 같은 막대그래프를 이용하는 것이 효과적입니다.

그러나 강수량이나 기온의 변화, 인구 수의 증감과 같은 변화량을 나타내야 할 때는 막대그래프로는 표현할 수 없으므로 꺾은선그래프를 이용하면 편리합니다. 즉, 꺾은선그래프는 시간의 변화에 따라 수량이 변화하는 모양과 정도를 쉽게 알 수 있습니다. 또, 조사하지 않은 중간값을 예상할 수도 있습니다. 예컨대 주별 줄넘기 기록의 변화를 나타낼 때는 오른쪽의 [꺾은선그래프 1]과 같은 꺾은선그래프가 더 효율적이라는 것을 알 수 있습니다.

이런 꺾은선그래프에서 큰 수를 나타낼 때나 [꺾은선그래프 2]와 같이 변화하는 모양을 더 뚜렷하게 알고 싶을 때에는 필요 없는 부분을 물결선으로 줄여서 그릴 수 있습니다. 예를 들어, 월별 경진이의 몸무게에서 38 kg 이하는 필요 없는 부분이므로 물결선으로 나타내었습니다. 물결선을 사용한 꺾은선그래프를 그릴 때 주의사항은 물결선이 꺾은선을 가로지르게 그릴 수 없습니다.

꺾은선그래프를 그리는 순서는 다음과 같습니다.

〈꺾은선그래프를 그리는 순서〉

❶ 가로와 세로 눈금에 나타낼 것을 정합니다.
❷ 가로, 세로 눈금 한 칸의 크기를 정합니다.
❸ 가로, 세로의 눈금이 만나는 자리에 점을 찍습니다.
❹ 점들을 선분으로 잇습니다.
❺ 그래프에 알맞은 제목을 붙입니다.

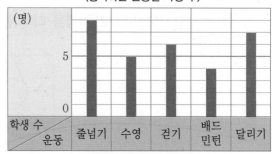

〈좋아하는 운동별 학생 수〉

막대그래프

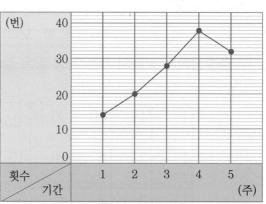

〈주별 줄넘기 기록〉

꺾은선그래프 1

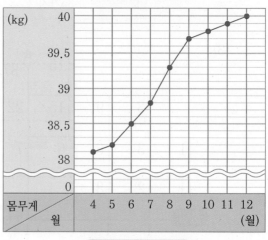

〈월별 경진이의 몸무게〉

꺾은선그래프 2

1 다음은 태선이네 학교 복도의 시간별 온도의 변화를 나타낸 꺾은선그래프입니다. 물음에 답하시오.

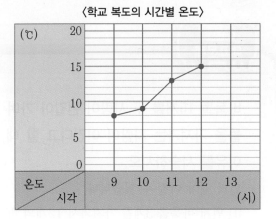

〈학교 복도의 시간별 온도〉

(1) 9시 30분의 온도는 약 몇 ℃인지 구하고, 그 이유를 서술하시오.

　9시는 8 ℃, 10시는 9 ℃이므로 그 사이에 있는 9시 30분은 약 8.5 ℃입니다.

(2) 13시의 온도를 예상하고, 그 이유를 서술하시오.

　① 12시의 온도가 15 ℃이므로 13시에는 17~19 ℃가 될 것이라고 예상됩니다.

　② 이유 : 해가 떠오르고 난 후 12시까지는 시간별 온도 변화가 2~4 ℃이고, 13시까지는 해가 떠 있으므로 온도가 올라갈 것이기 때문입니다.

2 다음 그래프는 오늘의 시간별 기온과 그때의 막대 그림자의 길이의 변화를 꺾은선그래프로 나타낸 것입니다. 그림자의 길이가 두 번째로 짧은 시각은 언제인지 구하시오. 또, 이때 그림자의 길이와 기온을 각각 구하고, 그 이유를 서술하시오.

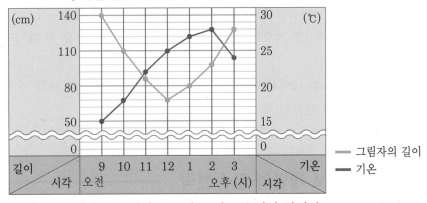

〈시간별 기온과 그때의 막대 그림자의 길이〉

그림자의 길이는 초록색이므로 먼저 초록색 그래프를 봐야 합니다.
초록색 그래프에서 그림자의 길이가 두 번째로 짧은 시각은 오후 1시입니다.
오후 1시에서 그림자의 길이는 80 cm입니다.
시간별 기온은 빨간색 그래프이므로 오후 1시일 때 27 ℃입니다.

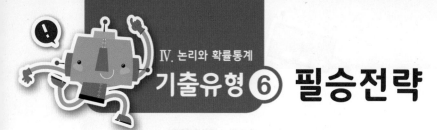
 대표문제

바둑돌 15개를 두 사람이 번갈아 가며 1개에서 3개까지 가져가는 게임을 합니다. 마지막 돌을 가져가는 사람이 이긴다고 할 때, 반드시 이기려면 어떻게 해야 하는지 구하고, 그 이유를 서술하시오.

먼저 해야 이길 수 있습니다.

① 먼저 바둑돌 3개를 가져와서 12개의 바둑돌이 남게 합니다.

② 나중에 하는 사람이 1개 가져가면 3개를, 2개 가져가면 2개를, 3개 가져가면 1개를 가져와서 8개의 바둑돌이 남게 합니다.

③ ②와 같은 방법으로 하여 4개의 바둑돌이 남게 합니다.

④ 상대방이 1개를 가져가면 3개를, 2개를 가져가면 2개를, 3개를 가져가면 1개를 가져와 마지막 돌을 가지게 되므로 이길 수 있습니다.

기출유형 연습

6-1 바둑돌 15개를 두 사람이 번갈아 가며 1개에서 3개까지 가져가는 게임을 합니다. 마지막 돌을 가져가는 사람이 진다고 할 때, 먼저 하는 사람이 반드시 이기려면 처음에 몇 개를 가져가야 하는지 구하고, 그 이유를 서술하시오.

상대방과 내가 가져간 바둑돌의 수의 합을 항상 4개로 만들 수 있습니다.

마지막 바둑돌을 가져가면 지므로 1개를 뺀 나머지 14개의 바둑돌 중 마지막 바둑돌을 가져오면 이깁니다.

따라서 $14-4-4-4=2$이므로 먼저 2개를 가져온 후 상대방과 내가 가져간 바둑돌의 수의 합이 4개가 되도록 만들면 반드시 이길 수 있습니다.

핵심 개념 **NIM 게임의 필승전략**

❶ 상대방과 내가 가져간 수를 합쳐서 항상 만들 수 있는 수를 구합니다. 예를 들어, 1개에서 3개까지를 가져갈 수 있다면 상대방이 몇 개를 가져가더라도 항상 4개를 만들 수 있습니다.

❷ 전체 개수에서 항상 만들 수 있는 수를 계속 빼고 남은 개수를 먼저 가져가면 항상 이길 수 있습니다.

❸ 남은 개수가 없다면 나중에 해야 반드시 이길 수 있습니다.

❹ 마지막에 하는 사람이 지는 게임이라면 1개를 빼고, 위와 같이 생각합니다.

6-2 바둑돌 21개를 두 사람이 번갈아 가며 1개 또는 2개를 가져가는 게임을 합니다. 마지막 바둑돌을 가져가는 사람이 이긴다고 할 때, 반드시 이길 수 있는 방법이 있는 사람은 먼저 하는 사람과 나중에 하는 사람 중 누구인지 구하고, 그 이유를 서술하시오.

상대방과 내가 가져간 바둑돌의 수의 합을 항상 3개로 만들 수 있습니다.
21−3−3−3−3−3−3−3=0이므로 나중에 해서 상대방과 내가 가져간 바둑돌의 개수의 합이 항상 3개가 되도록 만들면 마지막 돌을 가져올 수 있어서 반드시 이길 수 있습니다.

6-3 26개의 구슬을 두 사람이 번갈아 가며 1개에서 4개까지 가져가는 게임을 합니다. 마지막 구슬을 가져가는 사람이 진다고 할 때, 반드시 이길 수 있는 방법이 있는 사람은 먼저 하는 사람과 나중에 하는 사람 중 누구인지 구하고, 그 이유를 서술하시오.

상대방과 내가 가져간 구슬의 개수의 합을 항상 5개로 만들 수 있습니다.
26−5−5−5−5−5=1이고, 마지막 돌을 가져가면 지므로 나중에 해서 상대방과 내가 가져간 구슬의 개수의 합이 항상 5개가 되도록 만들면 반드시 이길 수 있습니다.

6-4 2명의 친구가 다음 그림과 같은 게임판에서 게임을 합니다. 출발점에서 시작하여 한 번 움직일 때 오른쪽 또는 위쪽으로만 움직일 수 있고, 움직이는 칸의 수는 제한이 없습니다. 도착점에 먼저 도착하는 사람이 이긴다고 할 때, 이 게임에서 반드시 이길 수 있는 방법이 있는 사람은 먼저 하는 사람과 나중에 하는 사람 중 누구인지 쓰고, 그 이유를 서술하시오.

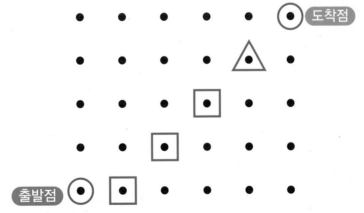

상대방이 한 번에 도착점으로 가지 못하는 △에 먼저 가면 반드시 이길 수 있습니다.
△에서 거꾸로 생각하면 □에 가면 △에 먼저 갈 수 있습니다.
따라서 먼저 시작하여 오른쪽으로 1칸을 가면 상대방이 어떻게 움직이더라도 먼저 시작한 사람은 □ 또는 △에 가게 되므로 반드시 이길 수 있습니다.

기출유형 ⑦ 논리 추론 2

대표문제

탐험가 3명과 식인종 3명이 강을 건너려고 합니다. 강을 건너는 배는 2인용이고, 강을 건너기 전이나 건넌 후 식인종이 탐험가보다 많으면 탐험가를 잡아먹는다고 합니다. 탐험가, 식인종이 모두 무사히 강을 건너려면 배는 최소 몇 번 강을 건너야 하는지 다음 그림에 탐험가는 A, 식인종은 B로 표시하여 구하시오.(단, 빈 배로 강을 건널 수는 없습니다.)

예시답안

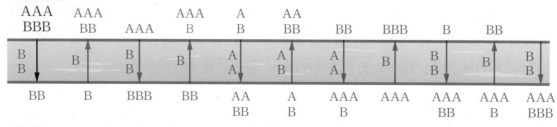

해설 처음에 AB가 배를 타고 강을 건넌 후, 다시 A가 배를 타고 돌아오는 경우도 세 번째부터는 위의 그림과 같아집니다.

| 11 | 번 |

기출유형 연습

7-1 한 마부가 서쪽 마을에 있는 네 마리의 말을 동쪽 마을로 옮기려고 합니다. 서쪽 마을과 동쪽 마을 사이를 가는데 적토마는 1시간, 갈색 말은 2시간, 검은 말은 4시간, 얼룩말은 5시간이 걸립니다. 마부는 한 번에 두 마리의 말을 옮기고, 돌아올 때는 동쪽 마을로 옮긴 말 중 한 마리를 타고 온다고 합니다. 서쪽 마을에 있는 네 마리의 말을 동쪽 마을로 옮기는 데 걸리는 최소 시간을 구하고, 그 이유를 서술하시오.(단, 느린 말은 빠른 말을 따라갈 수가 없으므로 두 마리의 말을 옮기는 데 걸리는 시간은 느린 말이 서쪽 마을과 동쪽 마을 사이를 가는 데 걸리는 시간과 같습니다.)

빠른 말은 빠른 말끼리, 느린 말은 느린 말끼리 함께 옮기는 것이 좋고, 돌아올 때는 가능한 빠른 말을 타고 와야 시간을 줄일 수 있습니다.

① 먼저 빠른 말 두 마리를 동쪽 마을로 옮깁니다. ➡ 2시간

② 돌아올 때는 두 마리 중 아무 말이나 타고와도 됩니다. ➡ 1시간 또는 2시간

③ 두 번째는 느린 말 두 마리를 동쪽 마을로 데리고 갑니다. ➡ 5시간

④ 돌아올 때는 첫 번째 옮기고 남아 있는 빠른 말을 타고 와야 합니다. ➡ 1시간 또는 2시간

⑤ 서쪽 마을에는 적토마와 갈색 말이 있게 되므로 마지막으로 이 두 말을 동쪽 마을로 옮깁니다.
     ➡ 2시간

따라서 서쪽 마을에 있는 네 마리의 말을 동쪽 마을로 옮기는 데 걸리는 최소 시간은 12시간입니다.

7-2 금화 □개 중 1개의 가벼운 가짜 금화가 들어 있습니다. 물음에 답하시오.

(1) □=9일 때, 양팔 저울을 사용하여 가벼운 가짜 금화가 어느 것인지 알아내려고 합니다. 양팔 저울의 사용 횟수를 최소로 하려고 할 때, 횟수를 구하고, 그 이유를 서술하시오.

① 3개씩 3묶음으로 나누어 2묶음을 양팔 저울의 접시에 각각 1묶음씩 올려놓습니다. 양팔 저울이 기울어지면 올라간 묶음에 가벼운 가짜 금화가 있고, 균형을 이루면 남아 있는 묶음에 가벼운 가짜 금화가 있습니다.

② 가벼운 가짜 금화가 있는 묶음의 금화 3개 중에서 양팔 저울의 접시에 각각 1개씩 올려놓고 ①과 같이 생각하면 가벼운 가짜 금화를 알아낼 수 있습니다.

따라서 금화 9개는 양팔 저울을 두 번만 사용하면 가벼운 가짜 금화를 알아낼 수 있습니다.

(2) 양팔 저울을 네 번 사용하여 가짜 금화가 어느 것인지 알아내려고 합니다. □의 최댓값을 구하고, 그 이유를 서술하시오.

(1)에서 찾아낸 규칙을 거꾸로 생각하여 문제를 해결합니다.

양팔 저울을 한 번 사용하면 금화 3개 중 가짜 금화를 알아낼 수 있고, 두 번 사용하면 금화 $3 \times 3 = 9$ (개) 중 가짜 금화를 알아낼 수 있습니다. 또, 양팔 저울을 세 번 사용하면 $9 \times 3 = 27$ (개) 중 가짜 금화를 알아낼 수 있고, 양팔 저울을 네 번 사용하면 $27 \times 3 = 81$ (개) 중 가짜 금화를 알아낼 수 있습니다.

따라서 최대 금화 81개까지는 양팔 저울을 네 번만 사용하여 가벼운 가짜 금화를 알아낼 수 있습니다.

7-3 A, B, C, D, E, F의 6명의 선수가 리그 방식으로 테니스 시합을 하였습니다. F 선수가 우승을 하였고, A, B, C, E 선수의 전적이 다음과 같을 때, D 선수와 F 선수의 전적을 구하시오. 또한, 모든 선수의 경기 결과를 각각 구하고, 그 이유를 서술하시오.

A	B	C	D	E	F
3승 2패	1승 4패	2승 3패	4승 1패	5패	5승

각 선수가 5번씩 경기하므로 총 경기 수는 $6 \times 5 \div 2 = 15$ (번)입니다.

A, B, C, E 선수의 전적의 합이 6승 14패이므로 D와 F 선수의 전적의 합은 9승 1패입니다.

이때 F 선수가 우승을 하였으므로 F 선수는 5승, D 선수는 4승 1패가 됩니다.

따라서 F 선수는 모든 선수에게 이겼고, D 선수의 1패는 F 선수에게 진 것입니다. 또, A 선수의 2패는 D와 F 선수에게 진 것이며, C 선수의 3패는 A, D, F 선수에게 진 것입니다. 마지막으로 B 선수의 4패는 A, C, D, F 선수에게 진 것이고, E 선수의 5패는 모든 선수에게 진 것입니다.

기출유형 ⑧ 경우의 수 2

대표문제

4321과 같이 4>3, 3>2, 2>1로 각 자리의 숫자가 앞자리의 숫자보다 작은 수가 있습니다. 7장의 숫자 카드 ⓪, ①, ②, ③, ④, ⑤, ⑥을 이용하여 이런 성질을 가진 네 자리 수를 모두 몇 개 만들 수 있는지 구하고, 그 이유를 서술하시오.

조건을 만족하려면 천의 자리 숫자는 3 이상이어야 하므로 천의 자리 숫자가 3인 경우부터 차례로 생각합니다.

① 천의 자리 숫자가 3인 경우
  3210의 1개입니다.

② 천의 자리 숫자가 4인 경우
  4321, 4320, 4310, 4210의 4개입니다.

③ 천의 자리 숫자가 5인 경우
  5432, 5431, 5430, 5421, 5420, 5410, 5321, 5320, 5310, 5210의 10개입니다.

④ 천의 자리 숫자가 6인 경우
  6543, 6542, 6541, 6540, 6532, 6531, 6530, 6521, 6520, 6510, 6432, 6431, 6430,
  6421, 6420, 6410, 6321, 6320, 6310, 6210의 20개입니다.

따라서 주어진 성질을 만족하는 네 자리 수는 1＋4＋10＋20＝35 (개)입니다.

기출유형 연습

8-1 4장의 숫자 카드 ①, ③, ⑤, ⑦을 이용하여 만들 수 있는 모든 세 자리의 수들의 합을 구하고, 그 이유를 서술하시오.

① 백의 자리 숫자가 1인 경우는 135, 137, 153, 157, 173, 175의 6개가 있습니다.
② 백의 자리 숫자가 3인 경우는 315, 317, 351, 357, 371, 375의 6개가 있습니다.
③ 백의 자리 숫자가 5인 경우는 513, 517, 531, 537, 571, 573의 6개가 있습니다.
④ 백의 자리 숫자가 7인 경우는 713, 715, 731, 735, 751, 753의 6개가 있습니다.
이때 백의 자리에 1, 3, 5, 7이 각각 6번씩 사용되었고, 십의 자리에도 1, 3, 5, 7이 각각 6번씩, 일의 자리에도 1, 3, 5, 7이 각각 6번씩 사용되었습니다.
즉, 백의 자리의 수의 합은 (100＋300＋500＋700)×6＝9600,
십의 자리의 수의 합은 (10＋30＋50＋70)×6＝960,
일의 자리의 수의 합은 (1＋3＋5＋7)×6＝96입니다.
따라서 만들 수 있는 모든 세 자리 수들의 합은 9600＋960＋96＝10656입니다.

8-2 오른쪽 표는 지원이네 학교 방과후 수업으로 개설된 과목의 시간표입니다. 물음에 답하시오.

	수학	과학	영어	국어
1교시		✕		
2교시				✕
3교시			✕	

(1) 서로 다른 3과목을 수강하려고 할 때, 가능한 경우는 모두 몇 가지가 있는지 구하고, 그 이유를 서술하시오.

① 1교시가 수학인 경우 : (수학, 과학, 국어),
(수학, 영어, 과학), (수학, 영어, 국어)의 3가지입니다.

② 1교시가 영어인 경우 : (영어, 수학, 과학), (영어, 수학, 국어), (영어, 과학, 수학),
(영어, 과학, 국어)의 4가지입니다.

③ 1교시가 국어인 경우 : (국어, 수학, 과학), (국어, 과학, 수학), (국어, 영어, 수학),
(국어, 영어, 과학)의 4가지입니다.

따라서 가능한 경우는 모두 3＋4＋4＝11 (가지)입니다.

(2) 서로 다른 2과목을 수강하려고 할 때, 가능한 경우는 모두 몇 가지가 있는지 구하고, 그 이유를 서술하시오.

수강이 가능한 시간을 경우로 나누고, 그 시간에 수강할 수 있는 과목의 경우를 나누어 구합니다.

① (1교시, 2교시)로 수강할 경우 : (수학, 과학), (수학, 영어), (영어, 수학), (영어, 과학),
(국어, 수학), (국어, 과학), (국어, 영어)의 7가지입니다.

② (1교시, 3교시)로 수강할 경우 : (수학, 과학), (수학, 국어), (영어, 수학), (영어, 과학),
(영어, 국어), (국어, 수학), (국어, 과학)의 7가지입니다.

③ (2교시, 3교시)로 수강할 경우 : (수학, 과학), (수학, 국어), (과학, 수학), (과학, 국어),
(영어, 수학), (영어, 과학), (영어, 국어)의 7가지입니다.

따라서 가능한 경우는 모두 7＋7＋7＝21 (가지)입니다.

8-3 다음 그림과 같이 12개의 정사각형으로 이루어진 직사각형 모양의 판이 있습니다. 이 판의 정사각형에 빨간색, 파란색, 노란색, 주황색을 각각 6칸, 3칸, 2칸, 1칸씩 칠하려고 합니다. 같은 색이 칠해지는 부분은 예처럼 직사각형을 이룰 때, 색을 칠하는 방법은 모두 몇 가지인지 구하고, 그 이유를 서술하시오.(단, 돌리거나 뒤집었을 때 같은 모양인 경우는 한 가지로 생각합니다.)

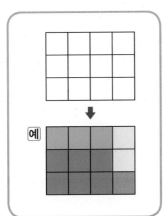

빨간색을 칠하는 6칸의 위치를 정한 후, 남은 색을 칠하는 방법을 구합니다.

① 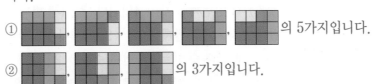의 5가지입니다.

② 의 3가지입니다.

해설 를 돌리거나 뒤집으면 ①과 같은 모양이 됩니다.

주어진 조건을 보고, 네 장의 카드 █ █ █ █ 에 적힌 숫자들을 순서대로 쓰고, 그 이유를 서술하시오.

(1)

> ㉠ 2가 적힌 카드가 한 장 있습니다.
> ㉡ 카드에 적힌 숫자는 1부터 9까지의 숫자 중 하나입니다.
> ㉢ 네 장의 카드에 적힌 숫자들의 합은 13입니다.
> ㉣ 첫 번째 카드와 네 번째 카드에 적힌 숫자들의 합은 5입니다.
> ㉤ 첫 번째 카드와 두 번째 카드에 적힌 숫자들의 합은 6입니다.

㉣과 ㉤에서 첫 번째 숫자는 1, 2, 3, 4 중 하나입니다.

① 첫 번째 숫자가 1이면 두 번째 숫자는 5, 네 번째 숫자는 4이고, ㉢에서 세 번째 숫자는 3입니다. 이때 2가 적힌 카드가 없으므로 ㉠을 만족하지 않습니다.

② 첫 번째 숫자가 2이면 두 번째 숫자는 4, 네 번째 숫자는 3이고, ㉢에서 세 번째 숫자는 4입니다. 이때 4가 적힌 카드가 두 번 사용되어서 만족하지 않습니다.

③ 첫 번째 숫자가 3이면 두 번째 숫자는 3입니다. 이때 3이 적힌 카드가 두 번 사용되어서 만족하지 않습니다.

④ 첫 번째 숫자가 4이면 두 번째 숫자가 2, 네 번째 숫자는 1이고 ㉢에서 세 번째 숫자는 6입니다.

따라서 이 네 장의 카드에 적힌 숫자는 순서대로 4, 2, 6, 1입니다.

(2)

> ㉠ 카드에 적힌 숫자들은 1보다 크고 13보다 작은 숫자들입니다.
> ㉡ 첫 번째 카드의 숫자는 두 번째 카드의 숫자의 2배입니다.
> ㉢ 세 번째 카드의 숫자는 두 번째 카드의 숫자의 4배입니다.
> ㉣ 네 번째 카드의 숫자는 세 번째 카드의 숫자보다 2가 작습니다.
> ㉤ 네 번째 카드의 숫자는 첫 번째 카드의 숫자보다 2가 큽니다.

① ㉣에서 (네 번째 숫자)=(세 번째 숫자)−2이고 ㉤에서 (네 번째 숫자)=(첫 번째 숫자)+2이므로 (세 번째 숫자)=(첫 번째 숫자)+4입니다. 즉, (세 번째 숫자)−(첫 번째 숫자)=4입니다.

② ㉡에서 (첫 번째 숫자)=(두 번째 숫자)×2, ㉢에서 (세 번째 숫자)=(두 번째 숫자)×4이므로 (세 번째 숫자)−(첫 번째 숫자)=(두 번째 숫자)×2입니다.

③ ①, ②에서 (두 번째 숫자)×2=4이므로 두 번째 숫자는 2입니다.

따라서 네 장의 카드에 적힌 숫자들은 순서대로 4, 2, 8, 6입니다.

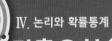

기출유형 ⑩ 퍼즐 1(로봇이 가는 길)

대표문제

오른쪽 〈예〉와 같이 화살표 안의 숫자만큼의 칸을 화살표의 머리 방향으로 이동하는 화살표가 있습니다. 예를 들어, 3이 적힌 화살표는 화살표의 머리 방향으로 3칸 이동합니다. 출발점을 자유롭게 설정하고 〈보기〉에 있는 10개의 화살표를 한 번씩 모두 사용하여 출발점으로 다시 돌아오는 길을 만드시오.(단, 연속해서 같은 방향으로 이동할 수 없고, 이미 지나간 길은 다시 지날 수 없습니다.)

예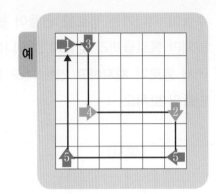

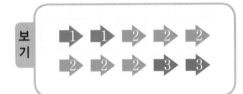
보기

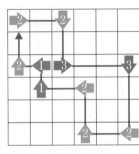

해설

위와 아래, 왼쪽과 오른쪽으로 이동하는 칸의 수를 각각 같게 하면 원 위치로 돌아오게 됩니다. 이외에도 더 많은 길을 만들 수 있습니다.

기출유형 연습

10 로봇이 길을 가다가 만나는 장애물 ★, ●, ▲, ◆, ◎, ◇는 →, ←, ↑, ↓, ↘, ↗, ↙, ↖ 중 하나의 방향으로 움직이게 합니다. 로봇은 장애물들 중 1개는 지나가지 않고, 새로운 장애물을 만날 때까지는 진행하던 방향으로 직진합니다. 각각의 장애물이 나타내는 방향을 찾아, 로봇이 가는 길을 그리시오.

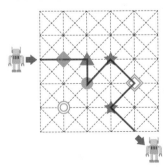   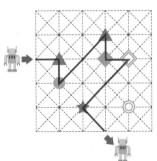

① 두 그림 모두에서 로봇이 나오는 방향을 보면 ★ = ↘임을 알 수 있습니다.

② 1번째 그림의 들어가는 길에서 ◆는 → 또는 ↓로 갈 수 있지만 2번째 그림에서 ◆ = →입니다.

③ ▲는 →가 아니므로 ▲ = ↓이고, 두 그림 모두에서 ●는 ↘가 아니므로 ● = ↗입니다.

④ 마지막으로 두 그림 모두에서 ◇ = ↗이고, ◎는 지나가지 않습니다.

기출유형 ⑪ 퍼즐 2(수 퍼즐)

대표문제

수들이 지나가는 통로를 만들어 봅시다. 통로는 90° 회전만 할 수 있고, 통로는 연결되어 있지만 통로들끼리 맞닿지 않습니다. 퍼즐 상자 주위의 수들은 각각의 가로줄 또는 세로줄에서 통로가 차지하고 있는 네모 칸의 개수입니다. 이와 같은 조건을 만족하는 수 통로를 만들어 보시오.

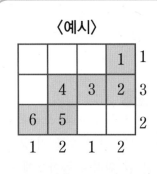

〈예시〉

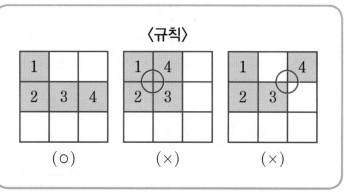

〈규칙〉

1							1
2	3	4	5	6	7	8	7
						9	1
						10	1
			14	13	12	11	4
			15				1
			16	17	18	19	4
2	1	1	4	3	3	5	

1				11	12	13	4
2				10		14	3
3		7	8	9		15	5
4	5	6				16	4
				19	18	17	3
				20			1
				21			1
4	1	2	1	6	2	5	

1								1
2	3	4						3
		5						1
	7	6		18	19	20		5
	8			17		21		3
	9	10		16		22		4
		11		15		23	24	4
		12	13	14			25	4
2	4	6	1	5	1	4	2	

1	2				18	19	20	5
	3				17		21	3
5	4		14	15	16		22	6
6			13				23	3
7	8		12		26	25	24	6
	9	10	11		27			4
					28			1
					29	30	31	3
4	5	1	4	1	7	3	6	

해설 퍼즐 상자 주위의 수에 '1'이 있을 때, 그 줄은 지나가면 돌아올 수 없습니다. 따라서 지나가기 전에 앞쪽을 모두 만족시키고 지나가야 합니다.

기출유형 연습

11-1 1에서 5까지의 숫자를 가로, 세로, 대각선에 각각 한 번씩만 놓이도록 다음 표의 빈칸에 알맞은 숫자를 써넣고, 그 이유를 서술하시오.

예시답안

1	3	4	2	5
2	5	1	3	4
3	4	2	5	1
5	1	3	4	2
4	2	5	1	3

가로, 세로, 대각선에 같은 숫자를 놓을 수 없으므로 다음과 같은 위치에 같은 숫자를 써넣어야 합니다.

★		
	★	

★		
★		

(★ positions)

		★
★		

11-2 주어진 모양의 숫자 카드를 이용하여 가로, 세로, 대각선에 서로 다른 숫자, 서로 다른 모양이 각각 한 번씩만 놓이도록 다음 표에 알맞게 배치하고, 그 이유를 서술하시오.

숫자 카드:
□1 □2 □3 □4 □5
○1 ○2 ○3 ○4 ○5
△1 △2 △3 △4 △5
◇1 ◇2 ◇3 ◇4 ◇5
⬠1 ⬠2 ⬠3 ⬠4 ⬠5

예시답안

□1	○2	△3	◇4	⬠5
◇3	⬠4	□5	○1	△2
○5	△1	◇2	⬠3	□4
⬠2	□3	○4	△5	◇1
△4	◇5	⬠1	□2	○3

모양과 숫자 중 기준을 먼저 정합니다.
먼저 모양을 기준으로 배치한다면 가로, 세로, 대각선에 같은 모양을 배치할 수 없으므로 다음과 같은 위치에 같은 모양을 배치하고, 그 후에 숫자를 배치합니다.

★		
	★	

		★
★		

나이팅게일의 그림그래프

백의의 천사, 간호학의 어머니라고 불리는 플로렌스 나이팅게일(Florence Nightingale)은 현대 간호학의 창시자이며, 군대 의료 개혁의 선구자입니다. 영국의 간호사로 간호사의 직제를 확립하였고, 의료 보급의 집중적 관리와 병원에서 사용한 오수 처리 방법 등 의료 체계를 개선하였으며, 간호학이 학문으로 자리 잡게 하는 데 큰 공헌을 하였습니다.

나이팅게일은 영국이 크림전쟁(1853~1856)에 참전하자 38명의 수녀들과 함께 전쟁터로 달려가 야전병원에서 아군과 적군을 구별하지 않고 헌신적으로 간호하여 많은 생명을 구했습니다.

당시 야전병원의 실상은 매우 열악하였고 위생 상태가 엉망이었습니다. 사람들은 전쟁터에서 보다 비위생적인 병원에서 병이 악화되어 사망하는 경우가 많았습니다. 나이팅게일은 1854년 4월부터 1855년 3월까지 병사들의 사망 원인을 오른쪽과 같은 그림그래프로 나타내고, 사망 원인을 개선해 나갔습니다. 병원의 환경을 개선하고, 중환자실의 개념을 도입하였습니다. 결국 5개월 만에 병원에서의 사망률이 42%에서 2%로 줄어 많은 생명을 구할 수 있었습니다.

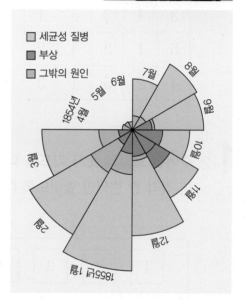

1 **나이팅게일이 그린 그림그래프를 보고 어떻게 부상당한 병사들의 사망률을 줄일 수 있었는지 추론하시오.**

예시답안

부상에 의한 사망자보다 세균성 질병에 의한 사망자가 훨씬 많습니다. 즉, 부상의 심각성보다는 2차 감염 등 위생상의 문제로 세균성 질병에 의해 사망하는 경우가 많다는 것을 알 수 있게 되었습니다.

따라서 부상자들을 간호하는 병실을 깨끗하게 관리하여 세균성 질환의 감염 및 전파를 막아서 사망률을 낮출 수 있었습니다.

2 다음의 이야기를 설명하기에 가장 좋은 꺾은선그래프를 2가지 고르고, 가로축과 세로축에 들어갈 내용을 근거로 그 이유를 서술하시오.

> "철수는 운동장에서 축구를 하면서 놀고 있었습니다. 갑자기 소변이 마려워서 운동장에서 학교 안 화장실로 급히 뛰어 갔습니다. 볼 일을 보고 난 후, 다시 돌아올 때는 몸도 마음도 편해져서 천천히 걸어서 왔습니다."

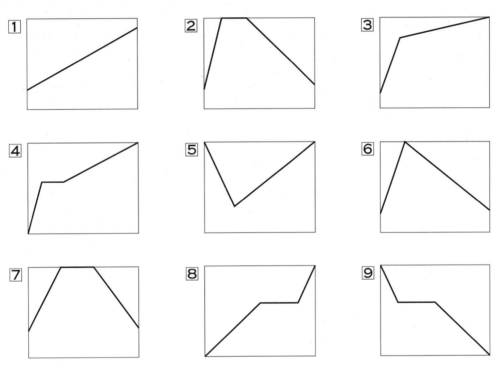

예시답안

① ② 그래프 : 세로축은 운동장에서 떨어진 거리, 가로축은 시간입니다. 화장실에 갈 때는 짧은 시간에 운동장에서 멀어졌고, 화장실에 볼 일 보는 시간 동안은 일정하게 있다가 돌아올 때는 천천히 걸어 왔으므로 더 긴 시간 동안 운동장에 가까워진다고 할 수 있습니다.

② ④ 그래프 : 세로축은 움직인 거리, 가로축은 시간입니다. 화장실에 갈 때는 짧은 시간에 많이 움직였고, 화장실에 볼 일 보는 시간 동안은 멈춰 있다가 돌아올 때는 천천히 걸어 왔으므로 더 긴 시간 동안 같은 거리를 움직였다고 할 수 있습니다.

좋은 책을 만드는 길 독자님과 함께하겠습니다.

도서에 궁금한 점, 아쉬운 점, 만족스러운 점이
있으시다면 어떤 의견이라도 말씀해 주세요.
시대교육은 독자님의 의견을 모아 더 좋은 책으로 보답하겠습니다.

www.edusd.co.kr

초등영재로 가는 지름길,
안쌤의 창의사고력 수학 실전편 중급(초등 4~5학년)

개정1판1쇄 발행	2021년 06월 03일 (인쇄 2021년 04월 02일)
초 판 발 행	2019년 07월 05일 (인쇄 2019년 05월 22일)
발 행 인	박영일
책 임 편 집	이해욱
편 저	박기훈 · 안쌤 영재교육연구소
편 집 진 행	이미림
표지디자인	박수영
편집디자인	양혜련 · 안아현
발 행 처	(주)시대교육
공 급 처	(주)시대고시기획
출 판 등 록	제 10-1521호
주 소	서울시 마포구 큰우물로 75 [도화동 538 성지 B/D] 9F
전 화	1600-3600
팩 스	02-701-8823
홈 페 이 지	www.edusd.co.kr
I S B N	979-11-254-9529-1 (63410)
정 가	17,000원

초등영재로 가는 지름길

안쌤의 창의사고력
수학 실전편 시리즈

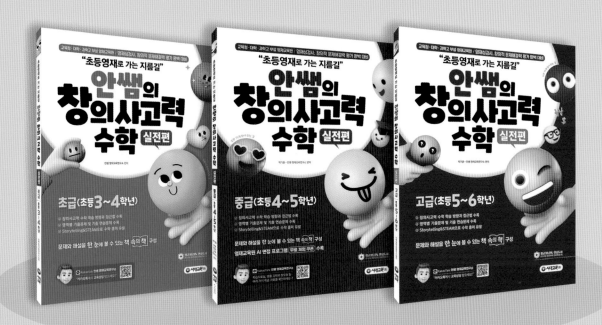

창의사고력 수학
학습 방향과 접근법 수록

영역별 기출문제 및
출제 가능성이 높은
연습문제 수록

Storytelling & STEAM으로
수학에 대한 흥미 유발

문제와 해설을
한눈에 볼 수 있는
정답 및 해설

"초등영재로 가는 지름길"

안쌤의 창의사고력 수학 [실전편]

중급(초등4~5학년)

 시대교육그룹

(주)시대고시기획 시대교육(주)	고득점 합격 노하우를 집약한 최고의 전략 수험서
	www.sidaegosi.com

시대에듀	자격증 · 공무원 · 취업까지 분야별 BEST 온라인 강의
	www.sdedu.co.kr

이슈&시사상식	한 달간의 주요 시사이슈 논술 · 면접 등 취업 필독서
	매달 25일 발간

시대인	외국어 · IT · 취미 · 요리 생활 밀착형 교육 연구
	실용서 전문 브랜드

꿈을 지원하는 행복…

여러분이 구입해 주신 도서 판매수익금의 일부가 국군장병 1인 1자격 취득 및 학점취득 지원사업과 낙도 도서관 지원사업에 쓰이고 있습니다.

 수연, 수민 학부모 ★★★★☆

저희 아이들이 선생님께 배운 4년간의 시간은 정말 아이들에게 귀중한 시간이었습니다. 수학의 원리와 개념을 깨쳐 자연스럽게 심화수학으로 이어지는 수학적 사고력의 확장은 다른 수업과 비교할 수 없는 최고의 수업 과정이었습니다. 영재교육원 합격을 통해 아이가 그리는 큰 꿈에 더 빨리, 좀 더 완성된 모습으로 다가설 수 있게 해주셔서 감사합니다. 박쌤이 영재교육원을 대비할 수 있는 책을 쓰신다고 하니 정말 기대됩니다.

 세린, 준혁, 세온 학부모 ★★★★★

박쌤의 속진과 사고력 수업만으로 부산대 영재교육원 대비가 충분했고, 합격하고 나서 다시 한 번 선생님의 수학 교육의 독특함과 탁월함을 깊이 이해하게 되었습니다. 적은 시간과 노력으로 이러한 결과를 얻을 수 있었던 것은 수학 교육에 대한 깊은 안목으로 교재 개발까지 하신 선생님의 제자였기 때문이라고 말씀드릴 수 있습니다. 이번 영재교육원 대비 교재는 첫째, 둘째에 이어 셋째에게도 도움이 될 것 같아 기대되며, 이 기회를 통해 감사드립니다.

 예준, 예서 학부모 ★★★★★

별다른 준비도 없이 박쌤의 수학 수업만 일주일에 한 번씩 꾸준히 들었을 뿐인데 부산대 영재교육원의 합격 소식을 들었을 때, 아이도 저도 기쁨과 놀라움이 교차했습니다. 기본을 충실하게 가르쳐 주시는 박쌤 덕분이라고 생각합니다. 그래서인지 이번 영재교육원 대비 교재의 출간이 반갑고 기대가 됩니다.

 병흥, 다성 학부모 ★★★★★

이 책은 오랫동안 창의사고력 수학과 영재 수업을 이끌어 오신 박쌤의 노하우와 철학이 담긴 책입니다. 반드시 알아야 할 기출 유형의 문제를 선별해 놓아, 문제해결의 접근 방식과 포인트를 짚어 주어 차근차근 공부하도록 도와줍니다. 개념과 창의적 문제해결력을 향상시키는 이 책을 통하여 철저한 영재교육원 대비뿐만 아니라 자기만의 문제해결능력이 향상되리라 기대됩니다.

C 영재성검사 창의적 문제해결력
모의고사 시리즈

· 영재성검사 기출문제
· 영재성검사 모의고사 4회분
· 초등 3~6학년, 중등

E AI와 함께하는
영재교육원 면접 특강

· 영재교육원 면접의 이해와 전략
· 각 분야별 면접 문항
· 영재교육 전문가들의 연습문제

D 스스로 평가하고 준비하는
대학부설 · 교육청
영재교육원 봉투모의고사 시리즈

· 영재교육원 집중대비 · 실전 모의고사 3회분
· 면접가이드 수록
· 초등 3~6학년, 중등

나? 영재야!

시대교육만의
영재교육원 면접 SOLUTION

1 "영재교육원 AI 면접 온라인 프로그램 무료 체험 쿠폰"

도서를 구매한 분들께 드리는
특별한 혜택

Coupon

쿠폰번호

DHX - 62349 - 13552

유효기간 : ~2022년 6월 30일

01 도서의 쿠폰번호를 확인합니다.

02 WIN시대로[https://www.winsidaero.com]에 접속합니다.

03 홈페이지 오른쪽 상단 영재교육원  AI 면접 배너를 클릭합니다

04 회원가입 후 로그인하여 [쿠폰 등록]을 클릭합니다.

05 쿠폰번호를 정확히 입력합니다.

06 쿠폰 등록을 완료한 후, [주문 내역]에서 이용권을 사용하여 면접을 실시합니다.

※ 무료쿠폰으로 응시한 면접에는 별도의 리포트가 제공되지 않습니다.

2 "영재교육원 AI 면접 온라인 프로그램"

01 WIN시대로[https://www.winsidaero.com]에 접속합니다.

02 홈페이지 오른쪽 상단 영재교육원 AI 면접 배너를 클릭합니다

03 회원가입 후 로그인하여 [상품 목록]을 클릭합니다.

04 학습자에게 꼭 맞는 다양한 상품을 확인할 수 있습니다.

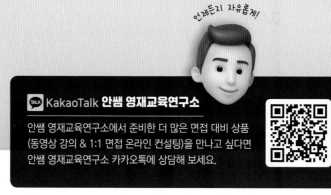

KakaoTalk 안쌤 영재교육연구소

안쌤 영재교육연구소에서 준비한 더 많은 면접 대비 상품
(동영상 강의 & 1:1 면접 온라인 컨설팅)을 만나고 싶다면
안쌤 영재교육연구소 카카오톡에 상담해 보세요.

www.winsidaero.com